U0231953

轻质夹芯结构力学性能研究

合肥工业大学出版社

图书在版编目(CIP)数据

轻质夹芯结构力学性能研究/谢中友著. —合肥:合肥工业大学出版社,
2018.12

ISBN 978 - 7 - 5650 - 4280 - 5

Ⅰ.①轻…　Ⅱ.①谢…　Ⅲ.①轻质材料—复合材料结构力学—研究
Ⅳ.①TB383

中国版本图书馆 CIP 数据核字(2018)第 266606 号

轻质夹芯结构力学性能研究

谢中友　著

责任编辑	张择瑞	
出版发行	合肥工业大学出版社	
地　　址	(230009)合肥市屯溪路 193 号	
网　　址	www.hfutpress.com.cn	
电　　话	理工编辑部:0551 - 62903204	
	市场营销部:0551 - 62903198	
开　　本	710 毫米×1000 毫米　1/16	
印　　张	11.25	
字　　数	184 千字	
版　　次	2018 年 12 月第 1 版	
印　　次	2018 年 12 月第 1 次印刷	
印　　刷	合肥现代印务有限公司	
书　　号	ISBN 978 - 7 - 5650 - 4280 - 5	
定　　价	32.00 元	

如果有影响阅读的印装质量问题,请与出版社市场营销部联系调换。

前　　言

　　泡沫金属材料作为一种新型的多功能工程材料,以其低密度、高比强度和比硬度以及良好的吸能、隔音、绝热、抗腐蚀性能,在各种军用和民用的工程结构展现出广泛的应用前景。由于填充泡沫铝可以大大改善薄壁结构的力学性能,泡沫金属填充薄壁结构正受到广泛的研究。薄壁圆管是比较常用的轻型承载结构,泡沫铝填充薄壁圆管弯曲行为研究很少,对其深入研究是非常有必要的。

　　本书上篇主要采用实验的方法研究了泡沫铝填充薄壁铝合金圆管在准静态和低速冲击下的三点弯曲变形模式和力学性能,同时用有限元分析软件 ABAQUS 对实验进行了数值模拟分析。

　　研究结果表明,填充泡沫铝后改变了结构变形模式,包括抑制了截面的扁化、减小了局部压入量,结构变形集中在压头下一小段区域内,位移场趋于三角形分布,填充结构最后以下缘拉裂破坏。另外填充泡沫铝后大大提高了结构承载力,而且填充结构在一定的位移范围内保持较高的承载力水平。

　　接着做了结构低速冲击下的三点弯曲实验。比较低速冲击和准静态两种加载方式,相同结构的变形模式基本相同。另外,管壁厚度、泡沫铝对结构变形的影响也相似。落锤冲击力普遍高于准静态时的 MTS 压头静压力,冲击力功有部分转化为圆管结构的动能。

随后用 ABAQUS 软件通过建立三点弯曲实验的数值模型，模拟梁的三点弯曲力学行为，数值模拟结果和实验结果符合较好。数值计算不同压头直径对结构承载力的影响，同时分析了结构承载机理。另外，数值模拟研究了泡沫铝部分填充圆管，分析了不同填充长度的影响。

最后在 Wierzbick 和 Reid 关于空管弯曲行为研究成果基础上，得出填充管三点弯曲行为半经验半理论的理论结果。

轻质夹芯结构一般由三层材料粘结而成，中间芯层采用较厚的轻质材料，两层表皮采用厚度较薄、强度较高的材料。轻质夹芯结构具有特有的力学性能，相同负荷能力的夹芯结构要比实体层状结构轻好几倍，即较高的比强度和比刚度。夹芯结构的承载机理是将剪切力从表皮层传向内层，使两个表皮层在静态和动态载荷下都能保持稳定，并且吸收冲击能来提供抗破坏性能。另外，夹芯结构能够降低单位体积的成本、削弱噪音与震动、增加耐热、抗疲劳和防火性能等。

用于夹芯结构的芯层材料主要有：泡沫金属、硬质泡沫、蜂窝和轻木等类别。泡沫金属是指含有泡沫气孔的特种金属材料。通过其独特的结构特点，泡沫金属拥有密度小、隔热性能好、隔音性能好以及能够吸收电磁波等一系列优点。硬质泡沫主要有聚氯乙烯(PVC)、聚氨酯(PU)、聚醚酰亚胺(PEI)和丙烯腈—苯乙烯(SAN 或 AS)、聚甲基丙烯酰亚胺(PMI)、发泡聚酯(PET)等。蜂窝夹芯材料有玻璃布蜂窝、NOMEX 蜂窝、棉布蜂窝、铝蜂窝等。蜂窝夹层结构的强度高，刚性好，但蜂窝为开孔结构，与上下面板的粘结面积小，粘结效果一般没有泡沫好。轻木夹芯材料是一种天然产品，市场常见的轻木夹芯主要产自南美洲的种植园，由于气候原因，轻木在当地生长速度特别快，所以比普通木材轻很多，且其纤维具有良好的强度和韧性，特别适合用于复合材料夹层结构。

由于具有高比强度、比刚度、隔热、隔音等多种优良性能，同时具有良好的可设计性,轻质夹芯结构在能源、航空航天、汽车、船舶、交通运输、建筑等领域都有广泛应用。因此,对夹芯结构的力学、热学等性能的研究,在国内外经久不息,长盛不衰。

　　本书下篇主要以夹芯梁、夹芯板等基本力学结构为研究对象,采用理论建模及有限元模拟验证的方法,研究夹芯结构准静态、大变形时的塑性力学行为和能量吸收性能。

目　　录

下　篇　轻质夹芯结构塑性力学行为研究

上 篇

泡沫铝填充薄壁圆管三点弯曲力学形为研究

第1章 综 述

1.1 引 言

泡沫金属是一种新型的多孔材料,有许多独特的特性如超轻、耐撞击、高效散热等等。泡沫铝的应用越来越广泛,其研究也逐渐深入完善。

薄壁结构是常用的工程结构,其研究应用也由来已久。薄壁结构普遍存在的一个问题是局部屈曲、压入变形使结构垮塌失效,填充泡沫铝正好可以改善这个状况。

1.2 泡沫铝力学性能及研究现状

泡沫金属是多孔材料的一种。超轻多孔金属具有高孔隙率的特点,其微结构按规则程度可分为无序和有序两大类,前者包括泡沫材料后者主要是点阵材料。通常多孔金属材料单位体积的重量仅是实体材料的1/10或更轻,且不同构型的微观结构对材料的力学及其他物理特性有显著影响。超轻多孔金属材料的高孔隙率使其具有独特的多功能复合特性,包括(1)超轻;(2)高强韧、耐撞击;(3)高比强、高比刚度;(4)高效散热、隔热;(5)良好的吸声隔音效果。泡沫金属的基体材料可以是铝、铁、锌、钛等金属或一定比例成分的金属合金,其中泡沫铝是一种较为常用的泡沫金属,典型泡沫铝结构如图 1-1 所示[1]。

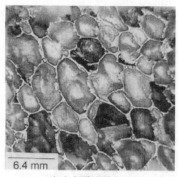
（a）闭孔泡沫铝

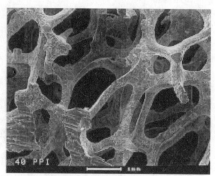
（b）开孔泡沫铝

图 1-1　典型泡沫铝结构[1]

1.2.1　泡沫铝准静态力学性能

泡沫金属是一种框架结构,杨氏模量的影响因素主要有泡沫结构、泡沫密度和变形状态,图 1-2 给出了泡沫铝典型应力-应变曲线。多孔金属拉伸变形集中在多孔金属的薄弱区域,在最终失效前,没有变形带形成,最终的失效机理取决于泡沫基体材料的韧性。压缩时在一定应力水平下显示出了范围较宽的应变段,这时应力几乎不变。在较低的常压应力水平,泡沫金属具有吸收大量塑性变形的能力。当孔棱的塑性变形开始后,应力就达到了平台应力水平,Gibson 和 Ashby[2]用简单的立方体单元模型,根据泡沫密度 ρ 和基体的屈服强度 $\sigma_{y,s}$ 推导出平台应力表达式。

闭孔泡沫

$$\frac{\sigma_{pl}}{\sigma_{y,s}} = 0.3 \left(\frac{\rho}{\rho_s}\right)^{3/2} \tag{1-1}$$

开孔泡沫

$$\frac{\sigma_{pl}}{\sigma_{y,s}} = 0.3\left(\Phi\frac{\rho}{\rho_s}\right)^{3/2} + 0.4(1-\Phi)\frac{\rho}{\rho_s} \qquad (1-2)$$

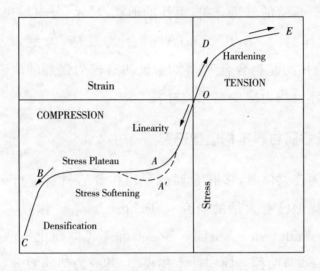

图 1-2　泡沫铝典型应力应变曲线

在压缩过程中,泡沫铝逐渐压实,当达到压实应变时,压应力急剧上升,闭孔压实应变可近似按下式计算

$$\varepsilon_D = 1 - 1.4\frac{\rho}{\rho_s} \qquad (1-3)$$

1.2.2　泡沫铝动态力学性能研究

关于泡沫铝的应变率效应问题,有两种不同的实验结果。

一种结果是有些泡沫金属没有应变率效应。Deshpande 等[3]实验研究了应变率范围在 $10^{-3} \sim 5 \times 10^3\ s^{-1}$ 内开孔 Duocel 泡沫和闭孔 Alulight 泡沫铝合金的应力-应变关系,发现与准静态相比高应变率时的应力-应变曲线没有提高。Kenny[4]、Lankford[5]、Mukai[6]等实验的泡沫铝都没有表现出应变率效应。

另一种结果表明有些泡沫金属具有很强的应变率效应。Kathryn 等[7]的实验结果表明闭孔 Alporas 泡沫铝具有应变率效应,尤其当泡沫铝密度较高时表现得更加明显。他们分析认为闭孔泡沫铝的应变率效应与通过破裂管壁的气流有关,由孔的形状、尺寸、分布等决定。此外开孔 AZ91 泡沫镁[8]、开孔 SG91A 铝合金泡沫[9]、泡沫钢[10]、闭孔 SCHUNK 商用泡沫铝合金[11]等均被证明有较为强烈的应变率效应,这些材料的基体也均为应变率无关材料。

1.2.3　泡沫金属材料本构模型研究

当假设为连续体时,多孔金属就可当作普通材料进行研究,泡沫铝材料的本构模型已有大量的研究。Deshpande 等[12]建立了自相似屈服面模型(self-similar yield surface model)和不等向硬化模型(differential hardening model)两种各向同性本构模型,其应力势函数分别为

$$\Phi \equiv \hat{\sigma} - Y \leqslant 0 \tag{1-4}$$

$$\hat{\sigma}^2 \equiv \frac{1}{1+(\alpha/3)^2}(\sigma_e^2 + \alpha^2 \sigma_m^2) \tag{1-5}$$

$$\Phi \equiv \left(\frac{\sigma_e}{S}\right)^2 + \left(\frac{\sigma_m}{P}\right)^2 - 1 \leqslant 0 \tag{1-6}$$

在应力-应变曲线图上模型预测结果和实验结果吻合得较好,ABAQUS 计算软件 Crushable Foam 材料各向同性硬化模式采用的就是这种屈服模型。另外 Qunli Liu 等[13]建立了泡沫铝大变形下唯象本构模型,Reyes 等[14]研究了考虑破坏和密度变化时的泡沫铝本构模型,Miller 等[15]提出了一个唯象的金属泡沫弹塑性本构框架,Chen 等[16]基于弹性余能形式引出两标量式的特征应力和特征应变,提出一套统一的、既可用于塑性可压缩固体又可用于塑性不可压缩固体的本构模型框架。Hanssen 等[17]对已有的几种泡沫铝本构模型进行了综述比较,同

时分析了几种有限元软件多孔金属的本构模型及其有效性。

对于动态屈服强度,Gibson[2]提出了一个应变率相关的经验公式

$$\sigma_{pl}(\dot{\varepsilon})=\sigma_{pl}(0)\left[K_1+K_2\ln(\dot{\varepsilon})\right] \qquad (1-7)$$

其中,K_1、K_2都是需要实验测定的材料常数。这个经验公式仅仅适用于材料单轴力学行为,无法直接推广到多轴加载的情况。

1.3 薄壁结构弯曲行为研究

多数撞击都涉及构件的弯曲行为,Kallina 等 1994 年所做的一个真实的世界汽车撞击研究表明超过 90% 的撞击都涉及结构的弯曲。薄壁结构以方管和圆管最为常见,两者的弯曲行为都已得到大量的研究。

局部垮塌对薄壁结构弯曲行为影响非常大。Kecman[18]从实验和理论两个方面研究了薄壁矩形管的弯曲垮塌行为,提出了包含静止和移动塑性铰线的简单失效机制,得到弯矩转角关系。Wierzbicki[19]等将最初应用于轴向加载结构的超折叠单元扩展为包括了旋转的超梁单元,导出了弯曲和弯曲/压缩组合加载时弯矩转角关系的解析解。

圆管是汽车、航空、船舶等行业的常用结构,横向弯曲是一种较为常见的承载模式。

在研究弯曲行为时圆管一般分为三类,即 Compact、Non-compact、Slender。三种圆管结构变形模式和承载力有较大的差别,分类方法有两种,一是按几何特征参数直径与壁厚之比 D/t 值进行大致分类,二是学术上通常按 λ_s 值分类

$$\lambda_s=\frac{D\sigma_y}{250t} \qquad (1-8)$$

其中,σ_y 为管壁材料的屈服应力,λ_s 具体的分界值有不同的观点,详见

Elchalakani[20]汇总结果。Mamalis 等[21]对 $25<D/t<40$ 的圆管弯曲行为进行了研究。在靠近固支端区域,得到三种变形模式,其中以固支端下缘拉裂为主。承载力分析分为弹性、弹塑性、塑性三个阶段,前两个阶段运用 Hodge 的结构塑性分析理论,最后阶段用塑性功耗散理论对菱形模型进行简化分析。Elchalakani 等[22]对 $20<D/t<40$ 的圆管做了进一步研究,建立了简化星形、钻石形、星形三种模型,结果表明简化星形模型的结果与实验结果拟合较好,钻石形模型在大转角时超出实验值较多。Elchalakani 等[23]还研究了 $88<D/t<122$ 的圆管纯弯曲行为。实验结果表明 $88<D/t<122$ 的圆管弯曲时延截面环向将产生多个褶皱,理论方面主要采用钻石形模型对结构大变形时进行塑性分析。

跨径与直径之比 L/D 对圆管三点弯曲结构承载模式有很大影响。Soares 等[24]分析表明,一般情况下在 $L/D<1.5$ 时结构表现为环承载,当 L/D 达到 6 时,将会有整体横向位移,对于更大的 L/D,结构更多地表现为梁的特点。当 L/D 超过 10 后,结构基本上按整体梁模式承载。为方便起见可分别称之为环、短梁、长梁。这些 L/D 临界值会随着 D/t 变化而有所改变。

局部压入模式对短梁变形和承载影响很大,研究短梁之前首先要解决局部压入问题。Pacheco 等[26]通过实验和数值模拟方法研究了圆管的局部压入和垮塌行为,得到局部压入的变形模式和承载特点。Wierzbicki 等[27]进一步对圆管的压入问题进行了理论研究,建立了较为完备的压入载荷表达式。对于短梁结构,Thomas 等[8]研究表明,薄壁圆管三点弯曲要经历三个变形阶段:局部压入、局部压入和弯曲、结构垮塌。结构承载力随管壁厚度增大而增大,随跨径增大而减小。Reid 等[28]对短梁结构承载力做了进一步理论研究。首先在理论上建立载荷与局部压入深度的关系式,然后在实验基础上得到压头总位移与局部压入深度之间的关系,最后转化为载荷与压头总位移的半经验半理论关系。因压头总位移与局部压入深度关系式是由实验拟合得到的数值解,无法推广应用。

长梁结构可在不考虑局部压入而按照圆截面基础上用经典梁理论进行理论分析，Soares 等[24]曾对固支梁做过这方面的研究。

1.4　泡沫铝填充薄壁结构弯曲行为研究

近年来，由于生产工艺的发展，泡沫金属的应用越来越广泛，其中包括泡沫金属填充薄壁结构。填充泡沫铝可以在结构总质量增加不大的情况下有效地减小局部压入，使结构保持较高的弯曲承载力。

Hanssen 等[29]用实验方法研究了泡沫铝填充薄壁 AA6060 铝合金方管的三点弯曲行为，发现填充泡沫铝大大改变了结构局部变形模式，同时提出了一种预测泡沫铝填充结构承载力的计算方法。Santosa 等[30]用实验和数值模拟的方法研究了泡沫铝填充方管结构弯曲行为，结果表明泡沫铝能有效减小局部压入变形，使结构保持较高的承载力。许坤等[31]对泡沫铝填充薄壁方管弯曲行为做了进一步的理论研究，在实验基础上提出了一个分析填充结构弯曲行为的理论方法。

1.5　研究目的及简介

本书的主要目的是研究泡沫铝填充薄壁铝合金圆管在准静态和低速冲击下的三点弯曲变形模式和力学性能，填充泡沫铝对结构承载力的影响，以及用有限元分析软件 ABAQUS 建立可靠有效的数值计算模型。

首先采用实验的方法研究了泡沫铝填充薄壁铝合金圆管准静态三点弯曲变形模式和力学性能。结果表明，填充泡沫铝后改变了结构变形模式,包括抑制了截面的扁化、减小了局部压入量,结构变形集中在压头下一小段区域内,位移场趋于三角形分布,填充结构最后以下缘拉裂破坏。另外填充泡沫铝后大大提高了结构承载力,而且填充结构在一定的位移范围内保持较高的承载力水平。

接着在中国科学技术大学落锤实验机系统上做了圆管结构低速冲击实验。比较低速冲击和准静态两种加载方式,相同结构的变形模式基本相同。另外,管壁厚度、泡沫铝对结构变形的影响也相似。落锤冲击力普遍高于准静态时的 MTS 压头静压力,冲击力功有部分转化为圆管结构的动能。

随后采用有限元分析软件 ABAQUS/EXPLICIT 对泡沫铝填充薄壁圆管实验进行了数值模拟分析,并与实验结果进行比较。因泡沫铝不同于连续介质假设下的普通材料,选择合理的泡沫铝材料模型是三点弯曲结构数值模拟的基础,因此首先模拟了泡沫铝材料的单轴压缩实验。比较发现,无论单轴压缩还是三点弯曲,数值模拟结果和实验结果都吻合得很好,说明数值模型是合理可靠的。最后用有限元模型模拟了泡沫铝部分填充结构的三点弯曲行为,结果表明在大大减小泡沫铝长度的情况下部分填充结构依然保持较高的承载能力。

最后在 Wierzbick 和 Reid 关于空管弯曲行为研究成果基础上,得出了填充管三点弯曲行为半经验半理论结果。

第 2 章　准静态三点弯曲行为实验研究

2.1　引　言

圆管是比较常用的承载结构,填充泡沫铝可以大大改善薄壁结构的力学性能。目前,泡沫铝填充圆管弯曲行为研究很少,深入研究泡沫铝填充薄壁圆管的弯曲行为是非常有必要的。Kim 等[32]用实验和数值模拟的方法研究了泡沫铝合金填充薄壁圆管的弯曲行为,结果表明填充泡沫铝后结构承载力有很大提高。Kim 等研究了一种管壁厚度和一种跨径时的结构弯曲行为,而认为壁厚和跨径对圆管三点弯曲结构影响非常大,需要对此做进一步研究。

本章主要通过实验方法,研究了两种不同密度的闭孔泡沫铝分别填充三种不同壁厚的铝合金圆管在 L/D 分别为 5.3 和 6.6 两种跨径下三点弯曲变形模式和承载特点。根据实验得出了泡沫铝合金填充薄壁圆管的三点弯曲变形模式并作出了载荷位移曲线,着重分析了泡沫铝合金密度、管壁厚度和跨径对结构承载力的影响,同时分析了泡沫铝合金在提高结构承载力时的作用机理。

2.2 实验方法及基本材料

2.2.1 实验方法

准静态三点弯曲实验主要是研究泡沫铝填充管在横向载荷作用下的结构响应行为和变形破坏规律。填充管总长 300mm,泡沫铝内芯由线切割得到,管壁与泡沫铝内芯间未粘接,间隙为 0.15mm。试件由两个距离 250mm 固定支座上的刚性圆柱支撑,管中点受压,压头和支撑圆柱直径均为 10mm。另外为研究跨径的影响,另做了一组跨径 $L=200mm$ 的辅助实验。

实验在中国科学技术大学工程材料实验室中心 MTS810 材料试验机上进行,其中载荷和位移数据分别由力传感器和位移传感器给出。实验中采用位移加载控制方式,压头加载速率设为 0.1mm/s。

实验采用的是铝合金 AA6063T6 圆管,外径 D_0 为 38mm,三种不同壁厚 t 分别为 1mm,1.5mm,1.8mm,管内填充不同密度的泡沫铝,试件结构如图 2-1 所示。

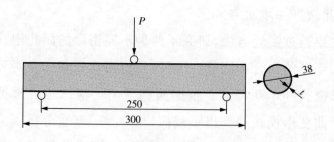

图 2-1 实验试件结构示意图

2.2.2　基本材料力学性能

实验在中国科学技术大学工程材料实验室中心 MTS810 材料试验机上进行,在管壁材料性质的测试中,拉伸试件是从平行于管轴线的方向上切割出的,试件如图 2-2 所示。图 2-3 给出了管壁材料拉伸的工程应力-应变曲线。

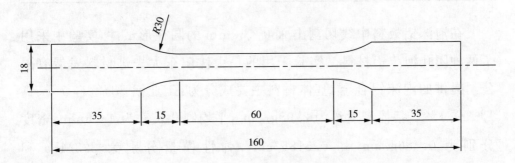

图 2-2　管壁材料拉伸试件

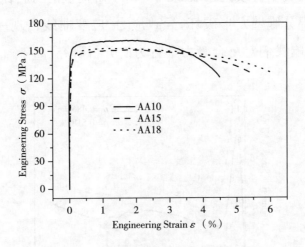

图 2-3　管壁材料工程应力-应变曲线

三种管壁材料的基本力学性能列于表 2-1 中,其中特征应力[33]定义为

$$\sigma_0 = (\sigma_{0.2} + \sigma_u)/2 \qquad\qquad (2-1)$$

表 2-1　三种管壁材料的基本力学性能

编号	壁厚 t（mm）	弹性模量 E（GPa）	屈服应力 $\sigma_{0.2}$（MPa）	最大应力 σ_u（MPa）	特征应力 σ_0（MPa）
AA10	1.0	51.9	153.1	159.7	156.4
AA15	1.5	54.3	143.7	149.4	146.6
AA18	1.8	62.9	149.1	152.7	150.9

在泡沫铝板料中线切割出 $\phi30 \times 30mm$ 的圆柱形试件,实验中采用了两种闭孔泡沫铝材料。实验采用的是由沈阳东大先进材料发展有限公司提供的泡沫铝合金,基体材料主要成分为:工业铝 88%、硅 7%、钙 4%、铁 1%。基体密度约为 $2.98g/cm^3$,平均胞孔尺寸为 $4\sim6mm$,密度分别为 $0.486g/cm^3$ 和 $0.518g/cm^3$,弹性模量分别为 $393MPa$ 和 $461MPa$。图 2-4 给出了泡沫铝合金的单轴压缩应力-应变曲线,两种闭孔泡沫铝的典型性质列于表 2-2。由于所提供的材料比较脆,在经过弹性阶段后部分胞壁发生破坏,导致应力-应变曲线出现一个明显的峰值,但这不影响我们对复合管力学行为的分析研究。

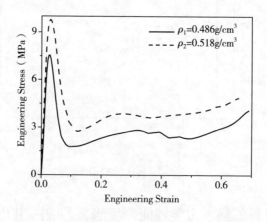

图 2-4　泡沫铝合金的单轴压缩应力-应变曲线

表 2-2 两种闭孔泡沫铝的典型性质

编号	泡沫铝密度 (g/cm³)	相对密度	平均胞孔尺寸 (mm)	弹性模量 E(GPa)
ρ_1	0.486	0.163	4~6	393
ρ_2	0.518	0.174	4~6	461

2.2.3 试件编号方法

跨径 L＝250mm 实验的试件编号方法,以 CS101a 为例,C 表示圆管,S 表示准静态,10 表示壁厚 1.0mm,1 表示泡沫铝密度为 ρ_1,a 为重复试件代号,其他依次类推。表 2-3 给出了跨径 L＝250mm 实验的试件编号。

表 2-3 跨径 L＝250mm 实验的试件编号方法

	截面形状	加载方式	管壁厚度(mm)	泡沫铝密度(g/cm³)	重复
	C(circular)	S(static)	1.0	0	a
			1.5	ρ_1	
			1.8	ρ_2	b
参数个数	1	1	3	3	2

为简单起见,跨径为 L＝200mm 的试件编号方式为:在跨径为 L＝250mm 试件编号的基础上省去 S,例如 CS100 改为 C100,其他符号含义不变。

2.3 三点弯曲实验结果

2.3.1 变形模式

空管三点弯曲变形模式可分为三个阶段:压入阶段、压入弯曲阶段和结构垮塌,如图 2-5 所示。在压入阶段,结构变形以局部压入为主,整体弯曲变形很小。在压入弯曲阶段,随着压入量的增加,截面抗弯刚度减小,结构的整体弯曲变形越来越大,局部压入和整体弯曲变形一起发展。当结构承载力达到最大值,局部压入量不再增加,结构变形转向整体弯曲为主,截面抗弯刚度随转角增大而减小。

泡沫铝填充管的变形模式与空管有所不同,图 2-6 给出了泡沫铝填充管三点弯曲变形模式。该弯曲变形模式主要分为三个阶段:压入阶段、压入弯曲阶段和结构破坏。与空管类似,填充管经历压入阶段和压入弯曲阶段,但因泡沫铝的支撑作用局部压入深度较小,而且泡沫铝密度越大局部压入深度越小。随后截面的抗弯能力保持在较高的水平上,最后以管壁下缘拉裂形式破坏。

另外,比较空管和填充管的变形模式可发现,空管轴向扁化区域较长,而填充管跨中塑性铰集中在较短的区域内,两边部分变形很小,位移场趋于三角形分布。

2.3.2　结构承载力及分析

图 2-7 给出了跨径 $L=250$mm 时压头载荷和压头位移之间的关系曲线,其中 P 为压头载荷,δ 为压头总位移。从图上可以看出,填充泡沫铝后结构承载力都有很大的提高,填充泡沫铝后结构发生管壁下缘拉裂破坏,随着填充泡沫铝密度的增大,结构最大承载力增大,但破坏点提前。泡沫铝抗拉强度很低,因此泡沫铝梁本身的弯矩承载力很低,泡沫铝填充管梁弯矩主要由管壁承担。泡沫铝主要起支撑管壁,减小局部压入量,从而减小管壁截面抗弯刚度损失、提高结构抗弯能力的作用。

图 2-8 给出了跨径 $L=200$mm 时压头载荷位移曲线,载荷变化趋势与 $L=250$mm 时相同。与跨径 $L=250$mm 相比,压头载荷普遍增大。

（a）压入阶段

（b）压入弯曲阶段

（c）结构垮塌

图 2-5 跨径 L=250mm 时空管三点弯曲变形模式

（a）压入阶段

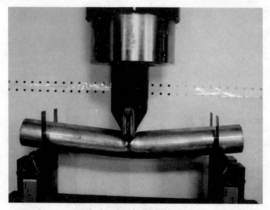

（b）压入弯曲阶段

（c）结构破坏

图 2-6　跨径 L=250mm 时泡沫铝填充管三点弯曲变形模式

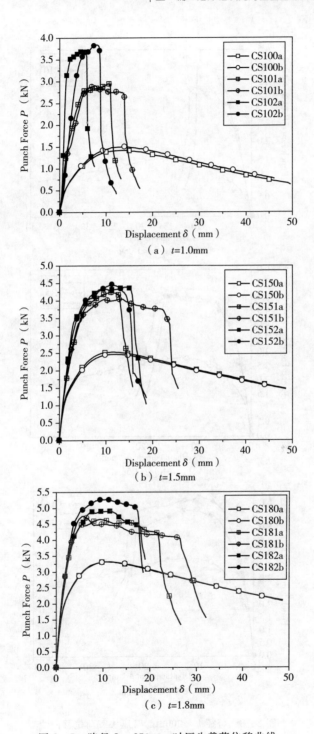

图 2 - 7 跨径 $L=250\text{mm}$ 时压头载荷位移曲线

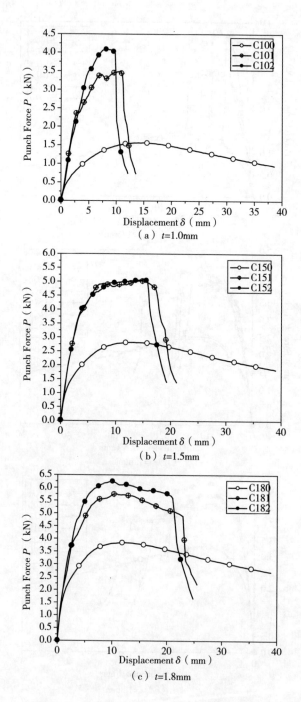

图 2-8　跨径 L＝200mm 时压头载荷位移曲线

圆管的三点弯曲既有压入问题又有弯曲问题,故应从压入和弯曲两个角度分析其承载特点。材料性能、几何结构、边界条件等都会影响泡沫铝填充圆管结构三点弯曲力学行为。进行塑性分析时,主要参数之间存在下列关系式

$$P = f_1(\delta; L, D, t, \sigma_0, \sigma_f) \qquad (2-2)$$

其中,P、δ、L、D、t、σ_0、σ_f 分别为压头载荷、压头总位移、梁跨径、圆管直径、管壁厚度、管壁材料特征应力,泡沫铝特征应力。由量纲分析得到

$$\frac{P}{M_0} = f_2\left(\frac{\delta}{D}; \frac{D}{t}, \frac{L}{D}, \frac{\sigma_f}{\sigma_0}\right) \qquad (2-3)$$

$$M_0 = \frac{\sigma_0 t^2}{4} \qquad (2-4)$$

其中,M_0 为单位宽度的管壁材料发生理想塑性变形时的弯矩,三个随机变量 D/t、L/D、σ_f/σ_0 对圆管结构三点弯曲力学行为产生相应的影响。

另外,研究三点弯曲圆管结构的抗弯性能时,可按下列关系式

$$\frac{M}{M_p} = f_3\left(\frac{2\delta}{L}; \frac{D}{t}, \frac{L}{D}, \frac{\sigma_f}{\sigma_0}\right) \qquad (2-5)$$

$$M = \frac{PL}{4} \qquad (2-6)$$

$$M_p = \int_A \sigma_0 y \, dA = \sigma_0 (D_0 - t)^2 t \qquad (2-7)$$

其中,M 为简支梁跨中截面弯矩,M_p 为圆截面空管全塑性弯矩承载力,D_0 为圆管外径。

最大承载力是结构承载力的特征值,可通过研究最大承载力来分析结构承载特点。对于空管,压头压力主要由上缘受拉区和侧边承担,下

缘受拉区不直接承担横向压力,因此上缘受拉区的局部压入量较大。图 2-9(a)给出了实验得到的 $P_{max}/M_0 - D/t$ 关系,可以看出 P_{max}/M_0 随着 D/t 的增大而增大,另外当跨径减小时压头载荷 P_{max}/M_0 增大。图 2-10 所示实验结果还表明,最大压入深度随 D/t 增大而增大,随跨径减小而增大。显然,当局部压入深度 $\delta_p(P_{max})/D$ 增大时截面抗弯能力下降,从图 2-9(b)所示 $M_{max}/M_p - D/t$ 变化关系也可以看出,当跨径减小时截面抗弯能力下降。

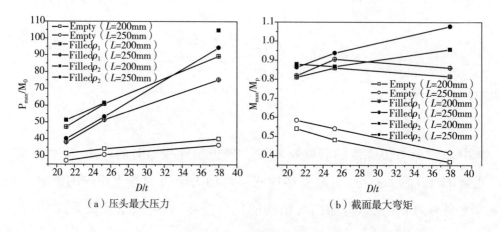

（a）压头最大压力　　（b）截面最大弯矩

图 2-9　结构最大承载力

填充泡沫铝后,由于泡沫铝的支撑作用,压头压力有很大部分由泡沫铝承担,并通过泡沫铝传递到管壁下缘受拉区,从而使管壁局部压入量减小,结构能保持较高的承载力。从图 2-9 给出的 $P_{max}/M_0 - D/t$ 和 $M_{max}/M_p - D/t$ 关系可以看出填充泡沫铝后结构承载力的相对提高量。总体来说,结构承载力的相对提高量,随泡沫铝密度增大而增大,随管壁厚度减小而越大,随跨径减小而增大。另外从图 2-10 的实验结果发现,填充同种密度的泡沫铝时,压入深度随壁厚减小而减小,而且压入深度也是随跨径减小而增大。压入深度较小时,截面能保持较大的相对承载力 M/M_p。

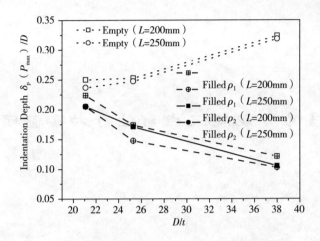

图 2 - 10　最大载荷时的压入深度随 D/t 的变化关系

2.4　本章小结

空管变形主要分为压入、压入弯曲和结构垮塌三个阶段,填充管结构在经历压入、压入弯曲两个阶段后以管壁下缘拉裂破坏。填充泡沫铝后,结构承载力大大提高。结构最大承载力随泡沫铝密度增大而增大,但破坏点提前。填充泡沫铝后截面弯曲承载力的相对提高量随管壁厚度的减小而增大。当跨径减小时,压头载荷增大,局部压入量增大截面抗弯能力下降。泡沫铝主要起支撑管壁,减小局部压入量,从而减小管壁截面抗弯刚度损失、提高结构抗弯能力的作用。

另外 Santosa 等[36]研究表明在泡沫铝填充管结构里,只有压头下、支座上的一段泡沫铝产生较大的应变和应力,其他部分的泡沫铝承担的应力很小,泡沫铝材料的利用率不高。泡沫铝部分填充结构可以在大大减轻结构总重量时保持较高的承载力。当然圆管结构也可以采用部分填充的方法,泡沫铝具体填充长度可用有限元数值模拟的方法确定。

因为压头直径直接影响局部压入深度,对结构承载力会产生一定的影响,对此需要做进一步研究。

第3章 动态三点弯曲行为实验研究

3.1 引 言

经受撞击加载的结构,其响应同静载情况相比,有着许多不同的规律,在高速撞击加载时,材料性能也会呈现许多不同于静载时的特征,短时的强载荷会使材料内部原始不均匀的细观结构或缺陷被激活,导致宏观的损伤和破坏。在中低速撞击问题中,材料性能不至于发生显著的变化,但撞击物的巨大动能会引起杆、板、环、壳等类柔性结构超大变形、屈曲、断裂,甚至垮塌,致使结构失效造成灾难性事故,因此研究结构的耐撞性有很大的学术意义和工程意义。

泡沫金属夹芯结构被设计用来承载,一方面是由于其拥有较高的比强度和比刚度,可以在很小的结构总体质量下承受较大的载荷;另一方面是由于泡沫金属有着良好的吸能性能,可以承受很大的塑性变形,且不会像实体结构那样发生突然的断裂垮塌,这在防护和吸能结构应用领域有着非常重要的实用意义。由于泡沫金属相对于泡沫塑料等有较高的压垮应力,在承受冲击和爆炸载荷方面也有着非常明显的应用价值。德国大众汽车已经使用泡沫铝夹芯结构作为汽车前置防撞吸能装置;奥迪 A8 轿车也使用泡沫金属夹芯结构作为车身结构,在减轻车体重量的同时增加了撞击安全性。

本章主要研究了低速冲击下泡沫铝填充薄壁圆管三点弯曲力学行为。通过与准静态的实验结果比较,得到两种加载条件下结构力学行为的一些相同点和不同点。

3.2 实验方法及基本材料

3.2.1 实验方法

动态弯曲实验在中国科学技术大学导轨式落锤实验系统上进行,如图 3-1(a)所示。锤头最大落高为 1.8m,配重可以调节,锤头内装配加速度传感器。实验时落锤提升至预定高度后自由释放,沿导轨自由下落对结构实施冲击加载。实验空间 300mm(高度)×600mm(宽度)。冲击实验的支撑条件和泡沫铝准静态三点弯曲实验一致的,采用直径 10mm 刚性圆柱支撑。另外从图 3-1(b)中可以看到,实验采用了楔形中空锤头,锤头内埋设了加速度传感器,测得锤头加速度信号送到波形存储器记录保存。楔形锤头侧面和竖直方向的倾斜角约为 17°,头部为圆柱形,直径为 10mm,以便实现和准静态相同的加载和支撑条件,使得动、静态实验结果可以比较。

3.2.2 实验原理及参数计算

忽略导轨摩擦落锤为自由落体运动,初始冲击速度可近似按自由落体运动计算

$$v_0 = \sqrt{2gh} \tag{3-1}$$

理论上,落锤锤头的刚度远大于泡沫铝夹芯梁结构的结构刚度,加

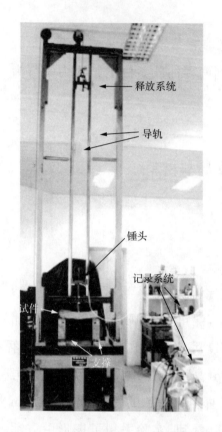

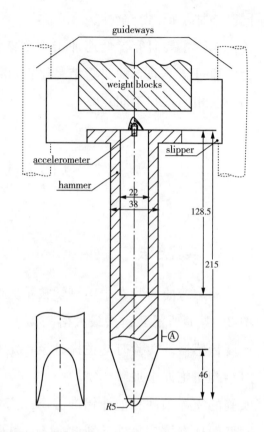

图 3-1 低速冲击实验装置图

之锤头设计较为紧凑,因此落锤系统自振频率的特征时间远小于冲击力响应时间。基于这些物理事实,在研究泡沫铝夹芯梁的结构冲击响应时,可将落锤锤头当作刚性系统,不考虑落锤各部分间的加速度不均匀性。在这一分析前提条件下,锤头对于圆管结构的冲击力 $P(t)$ 可以近似按式(3-2)计算

$$P(t) = Ma(t) \qquad (3-2)$$

其中,M 为锤头加配重后的总质量,$a(t)$ 为锤头加速度。在实际实验中,由于加速度传感器的高灵敏性,且落锤锤头并不能完全看作是刚性的,包括锤头受冲击后产生的沿锤头轴向传播的应力波以及锤头上半部的

结构横向振动,均会对于加速度传感器测得的信号有影响。尤其是由于加速度传感器埋设在落锤根部连接块的自由面上,和锤头间的距离约为22cm,应力波在自由面的反射使得当锤头受压时,加速度传感器受到的可能是拉力、应力波等因素的影响不会迅速均匀化和耗散,而是贯穿整个冲击过程,这使得在任一特定时刻,加速度信号反映的可能并不是该时刻落锤锤头真正的受力状态。

落锤锤头的加速度已经通过加速度传感器测得,由前面分析已知,虽然锤头的刚度和加速度传感器的埋设方式对加速度信号有影响,但只是在原始信号上叠加了高频信号,这种影响可以通过将加速度信号对于时间积分趋于消除。因此,可以通过式(3-3)、式(3-4)计算得到较为准确的上表面冲击点速度和位移随时间变化的信号

$$v(t) = v_0 - \int_0^t a(t)\mathrm{d}t \tag{3-3}$$

$$\delta(t) = \int_0^t v(t)\mathrm{d}t \tag{3-4}$$

其中,v_0 为落锤锤头的初始冲击速度。最后由式(3-3)和式(3-4)得到冲击力与锤头位移之间的 $P(t)-\delta(t)$ 关系曲线。

3.2.3 实验材料和试件编号方法

试件材料和规格均与第 2 章准静态实验相同。试件编号方法与第 2 章类似,不同的是把静态 S(Static)改为动态 D(dynamic),见表 3-1 所列。

表 3-1 动态实验试件编号

	截面形状	加载方式	管壁厚度(mm)	泡沫铝密度(g/cm³)
	C(circular)	D(dynamic)	1.0	0
			1.5	ρ_1
			1.8	ρ_2
参数个数	1	2	3	3

3.3 动态三点弯曲实验结果

实验时,落锤的落高统一设为约 1.4m,使冲击初速度基本相同,另外相同管壁的试件选取相同的锤头质量,使其冲击能量基本相同,在此条件下比较各种结构的冲击响应,表 3-2 列出了冲击实验的参数设置。

表 3-2　冲击实验的参数设置

管壁厚度 t(mm)	锤头落高 h(mm)	锤头质量 m(g)	冲击能量 E_p(J)
1.0		3401	46.7
1.5	1.4	6803	93.3
1.8		8163	112.0

3.3.1　变形模式

为了细致观察结构冲击过程时的变形情况,采用中国科学技术大学工程实验中心 SPEEDCAM PRO-LT 数字式高速摄影系统记录整个落锤锤头对圆管结构的撞击过程。SPEEDCAM PRO-LT 数字式高速摄影系统是一套高速 CCD 计算机实时采集系统,如图 3-2 所示。这套系统的采集频率有三种。即 1000fps、2000fps、4000fps,单次最大采集照片幅数 2000 幅,采集的照片的幅面大小和采集频率相关,最大可以达到 512×512 像素,画面是灰度图。考虑采集速度和采集幅面的综合需要,本书采用 2000fps、256(宽度)×512(高度)像素的采集方案,可以详细记录整个冲击过程。

图 3-3 给出了壁厚 $t=1.0$mm 圆管结构三点弯曲变形图。可以看出空管结构跨中截面扁化程度最大,扁化区域最长,填充泡沫铝后沿轴向扁化不明显,在锤头下一个小区域内产生一定压入位移,随着泡沫铝密度的增大,结构更易于发生下缘拉裂破坏。

图 3-2 SPEEDCAM PRO-LT

高速摄影系统

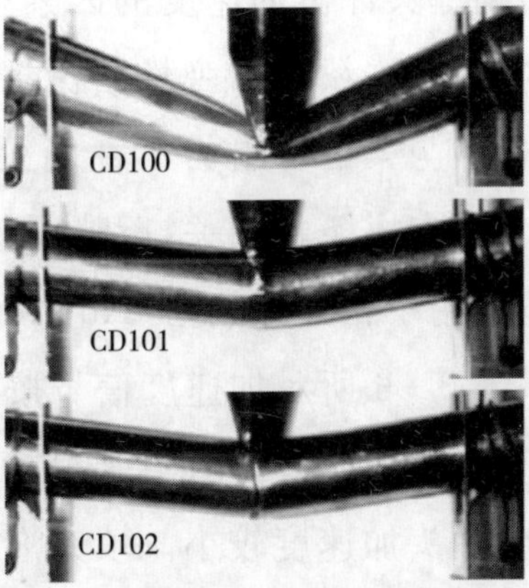

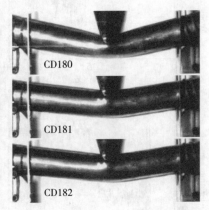

图 3-3 壁厚 t=1.0mm 圆管结构

三点弯曲变形图

图 3-4 和图 3-5 分别给出了壁厚 t 为 1.5mm 和 1.8mm 的圆管结构三点弯曲变形图。比较可知,随着管壁厚度增加,空管结构扁化幅度减小,截面变形向局部集中。比较低速冲击和准静态两种加载方式,相同结构的变形模式基本相同。另外,管壁厚度、泡沫铝密度对结构变形的影响也相似。

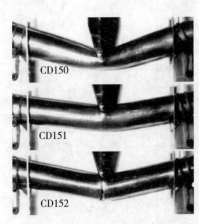

图 3-4 壁厚 t=1.5mm 圆管结构

三点弯曲变形图

图 3-5 壁厚 t=1.8mm 圆管结构

三点弯曲变形图

3.3.2 落锤加速度、速度以及位移随时间的变化

图 3-6 给出了空管和填充管结构动态三点弯曲落锤加速度时间曲

线。影响锤头冲击加速度的因素很多,主要有锤头中的应力波、锤头横向结构的振动、梁自身弹性自激振动、梁内冲击应力波。其中前三项由弹性引起,与梁的冲击力学性能无关,需要滤除。最后一项是结构本征属性,且和支撑条件相关,反映了特定条件下结构的性能,需要保留。光滑滤波采用了相邻平均法(Adjacent Averaging),取点数为 50 点。

对图 3-6 所示加速度信号按式(3-3)进行积分,得到图 3-7 所示落锤速度-时间曲线。从图 3-7 可以看出,空管的锤头速度下降趋势较缓,说明锤头加速度较小。填充泡沫铝后,加速度、锤头冲击力增大。试件 CD102、CD152 发生下缘拉裂破坏,响应历时分别约为 4ms、6ms。对图 3-7 所示速度曲线按式(3-4)进行积分,得到图 3-8 所示落锤位移时间曲线。当位移达到峰值时,落锤开始反弹位移减小。

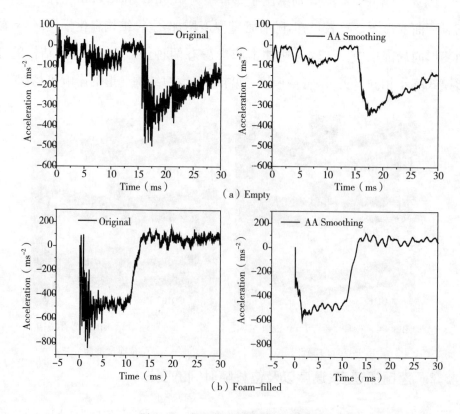

图 3-6　典型落锤加速度-时间曲线

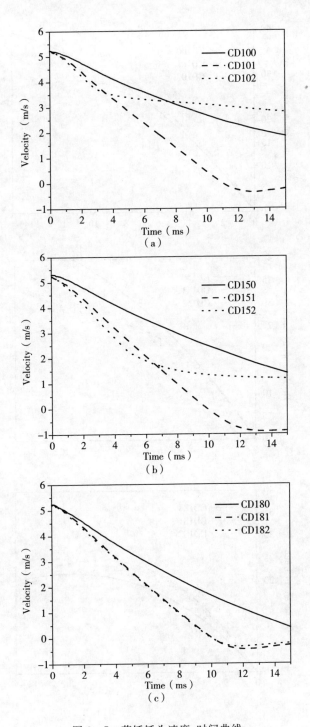

图 3-7 落锤锤头速度-时间曲线

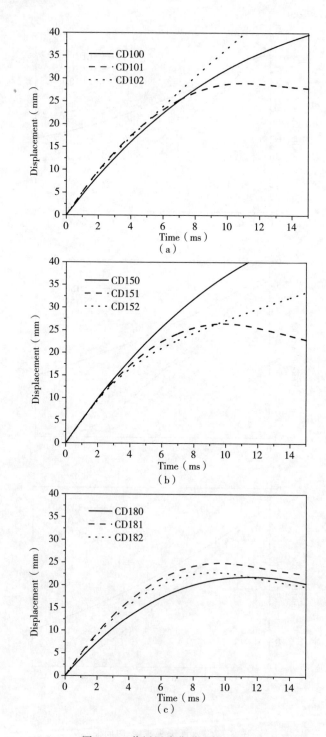

图 3-8 落锤锤头位移-时间曲线

3.3.3 落锤锤头冲击力随位移的变化

图 3-9 给出了准静态、动态三点弯曲压头(锤头)载荷位移-曲线。

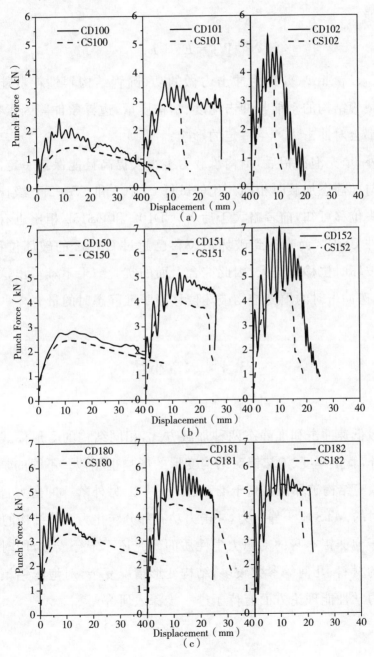

图 3-9 落锤锤头载荷-位移曲线

从图上可以看出,低速冲击($V_0 = 5\mathrm{m/s}$)时落锤冲击力普遍高于准静态时的 MTS 压头静压力。锤头冲击力功转化为圆管结构塑性耗散能和动能

$$W_P = E_{pl} + E_k \qquad (3-5)$$

其中,W_P、E_{pl} 和 E_k 分别为冲击力做的功、圆管结构塑性耗散能和结构动能。圆管结构的动能与冲击速度、结构质量、边界条件等因素有关,这些因素都会对冲击力产生一定的影响。

另外,填充泡沫铝后,结构承载力有很大提高且能保持一定的水平,这一点与准静态加载时相同。比较试件 CD102 和 CS102 下缘拉裂破坏时的锤头位移可知,前者略大于后者,CD102 和 CS152 相比也有类似特点。试件 CD182 尚未达到破坏但位移已超过 CS182 的破坏位移,考虑到达到破坏时位移将更大,因此综合上面的实验结果不难得出这样的结论,即低速冲击时的填充结构破坏位移高于准静态时的量。

3.4　本章小结

比较低速冲击和准静态两种加载方式,相同结构的变形模式基本相同。另外,管壁厚度、泡沫铝对结构变形的影响也相似。不同的是低速冲击时的填充结构破坏位移高于准静态时的量。另外落锤冲击力普遍高于准静态时的 MTS 压头静压力,冲击力功有部分转化为圆管结构的动能。

由于泡沫铝本身的动态力学性质的研究还不十分成熟,同时复合结构涉及的材料、几何等参数较多,结构变形情况复杂,对泡沫铝填充结构的动态力学性能理论方面有待于进一步深入研究。

第4章 准静态三点弯曲行为有限元分析

4.1 引 言

ABAQUS 是一套先进的通用有限元程序系统,被广泛认为是功能最强的有限元软件,可以分析复杂的固体力学和结构力学系统,特别是能够适用于分析庞大的问题和模拟非线性的影响。ABAQUS 有两个主要的分析模块:ABQUS/Standard 和 ABAQUS/Explicit。前者提供了通用的分析能力,如应力和变形、热交换、质量传递等;后者应用于对事件进行显式积分的动态模拟,提供了应力/变形分析的能力,这种显式积分的应用使得其能处理那些包括复杂接触条件的问题。

泡沫铝填充结构涉及参数较多,变形模式复杂,建立比较简洁合理的解析模型有一定的难度,采用有限元分析软件进行数值计算分析是比较可行的方法。ABAQUS 有着广泛的模拟性能,含有大量不同种类的有限元公式、材料模型、分析过程等,对泡沫铝这种可压缩的特殊材料,ABAQUS 提供了两种可压缩泡沫(Crushable Foam)材料模型:体积(Volumetric)硬化型和各向同性(Isotropic)硬化型。

如图 2-4 所示的泡沫铝合金材料,由于其结构较脆,在经过弹性阶段后部分胞壁发生破坏,导致应力-应变曲线出现一个明显的峰值,与典型的泡沫铝力学性质有较大差别(参见图 1-2)。在泡沫铝单轴压缩数值模拟中,用可压缩泡沫(Crushable Foam)模型模拟的结果与实验结果有较大差别。本章实验和计算中采用的均是典型的泡沫铝材料,其应力–应变曲线如图 4 – 1 所示。

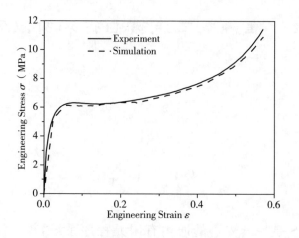

图 4 – 1　泡沫铝压缩应力-应变曲线

　　本章先用 ABAQUS/EXPLICIT 有限元分析软件模拟了泡沫铝单轴压缩,然后采用有限元数值模拟的方法研究了泡沫铝填充薄壁圆管三点弯曲行为,分析了泡沫铝填充物对提高结构承载力的作用机理。把数值模拟结果与实验结果进行了比较发现,无论是变形模式还是结构承载性能,两种方式得到的结果都非常吻合,说明数值模型是可靠有效的。最后,采用有限元数值模拟进一步研究了压头直径对结构承载力的影响和局部填充泡沫铝圆管的承载特点。

4.2　基本材料性能

4.2.1　管壁材料的力学性能

　　实验采用的也是 AA6063T6 铝合金圆管,规格与第 2 章和第 3 章的实验材料相同。

4.2.2　泡沫铝材料的力学性质

实验采用的是由淮北虹波泡沫金属材料厂提供的闭孔泡沫铝,基体为工业纯铝(密度为 2.7g/cm³),平均密度约为 $\rho_3 = 0.393$g/cm³(平均胞孔尺寸 1~2mm)。图 4-1 给出了泡沫铝单轴压缩的应力-应变曲线,泡沫铝的力学性能列于表 4-1 闭孔泡沫铝的力学性质,其中平台应力定义[33]为

$$\sigma_f = \frac{\int_0^{0.5} \sigma d\varepsilon}{0.5} = 2 \int_0^{0.5} \sigma d\varepsilon \qquad (4-1)$$

表 4-1　闭孔泡沫铝的力学性质

编号	泡沫铝密度 (g/cm³)	相对密度	平均胞孔尺寸 (mm)	弹性模量 E (GPa)	平台应力 σ_f (MPa)
ρ_3	0.393	0.146	1~2	253	6.29

4.2.3　泡沫铝单轴压缩数值模拟

为了确保泡沫铝材料模型(Crushable Foam)的合理性,先做了泡沫铝单轴压缩数值模拟。

泡沫铝单轴压缩模型如图 4-2 所示,上下两端压头设为刚性面(3D Analytical Rigid),模型尺寸和实验一致为 $\Phi 30 \times 30$mm,采用三维实体单元(C3D8R),网格划分为 2mm×2mm×2mm,泡沫铝材料采用可压缩泡沫(Crushable Foam)模型,且采用体积(Volumetric)硬化模式。将泡沫铝的单轴压缩工程应力-应变曲线转化为真应力-真应变曲线时,考虑到泡沫铝材料准静态压缩时基本上没有横向变形,真应力值取为单轴压缩应力的实验值,应变值按式(4-2)、式(4-3)计算

$$\varepsilon_{true} = -\ln(1 - \varepsilon_{non}) \qquad (4-2)$$

$$\varepsilon_{pl} = \varepsilon_{true} - \frac{\sigma}{E} \qquad (4-3)$$

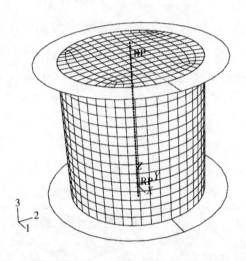

图 4-2　泡沫铝单轴压缩有限元模型

有限元模型采用位移加载,速度设为 0.2m/s,刚性面与泡沫铝之间的接触设为粗糙(Rough)。图 4-1 给出了泡沫铝单轴压缩应力-应变曲线,数值模拟结果与实验结果非常吻合,说明泡沫铝材料模型是合理的,可以进一步用来模拟三点弯曲实验。

4.3　准静态三点弯曲实验和数值模拟

为了检验数值计算模型的有效性,做了空管和填充结构的准静态三点弯曲实验。试件总长 300mm,跨径为 250mm,刚性支座和压头直径均为 10mm,管壁和泡沫铝之间无粘结。实验得到的压头载荷-位移曲线如图 4-1 所示。

试件编号方法，以 CS103S 为例，C 表示圆管，S 表示准静态，10 表示壁厚 1.0mm，3 表示泡沫铝密度为 ρ_3，S 为数值模拟结果（Simulation），另外 E 表示实验结果（Experiment），其他依次类推。表 4-2 给出了跨径 L 为 250mm 实验的试件编号。

表 4-2 跨径 L＝250mm 实验的试件编号方法

	截面形状	加载方式	管壁厚度（mm）	泡沫铝密度（g/cm³）	方法
	C(circular)	S(static)	1.0 1.5 1.8	0 $\rho_3＝0.393$	S(Simulation) E(Experiment)
参数个数	1	1	3	3	2

4.4 有限元模型及计算结果

考虑到结构的对称性，只选了 1/4 结构加对称边界条件，如图 4-3 所示。管壁采用三维壳单元（S4R），网格尺寸为 2mm×2mm（跨中半加密区 25mm）和 3mm×3mm；泡沫铝芯采用三维实体单元（C3D8R），网格划分为 2mm×2mm×2mm（跨中半加密区 25mm）和 2mm×4mm×4mm。压头和支座均采用刚体单元。管壁材料采用各向同性弹塑性模型和 Mises 屈服准则，泡沫铝材料模型与单轴压缩时相同。模型采用位移加载，速度设为 0.5m/s。管壁与压头、支座之间的接触设为光滑接触（Frictionless），管壁与泡沫铝之间的接触设为粗糙（Rough）。

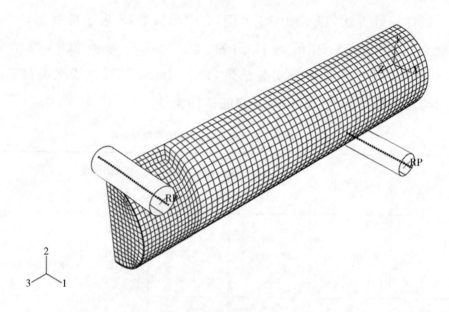

图 4-3 三点弯曲实验有限元分析模型

4.4.1 网格优化

在有限元分析里,对固定结构采用不同尺寸的网格会得到不同的网格数量和计算结果。可以通过精细化确定较优的网格尺寸直到计算结果满足收敛性。当然,随着网格精细化,单元数量增加计算时间增长,因此需要综合考虑。由于结构的变形集中在压头下方一小段区域,这段区域的网格尺寸对计算结果影响很大。图 4-4 给出了端头区域网格保持为 3mm × 3mm,跨中半加密区分别为 2.5mm × 2.5mm,2 × 2mm,1.5mm × 1.5mm 三种网格时的 CS100 计算结果。

4.4.2 变形模式

以壁厚 t 为 1.0mm 的空管和填充管为例,用数值模拟结果分析三点弯曲结构变形特点。

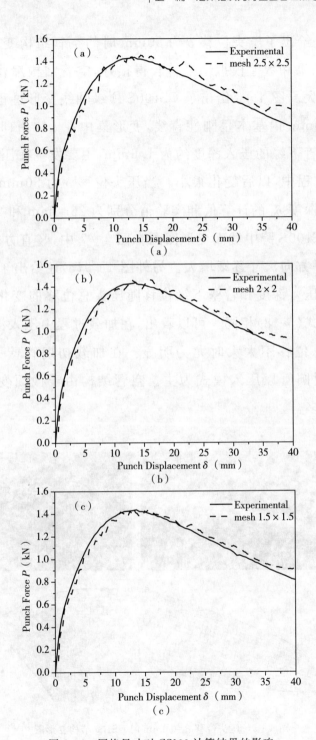

图 4 - 4　网格尺寸对 CS100 计算结果的影响

图 4-5 给出了压头位移 δ 为 50mm 时的空管结构变形图。可以看出,实验结果和数值模拟结果符合得很好,空管结构扁化区域较长,截面变形量大。图 4-6 给出了 CS100S 顶缘轴线变形过程图,在水平位置 0～140mm 内基本呈刚性直线,变形集中在 140～150mm 段,另外支座处圆管下缘的压入深度约为 1.6mm,主要发生在压头位移 δ 为 0～10mm 过程中,以后变化很小。当压头位移 δ 为 50mm 时,跨中截面局部压入深度 δ_p 的计算值和实验值分别为 26.0mm 和 26.2mm,加载过程中 CS100S 跨中截面变形图画在图 4-7 中,竖直方向直径一直在减小,水平方向尺寸逐渐增大。另外图 4-9(a) 还给出了 CS100S 跨中截面局部压入深度和管壁下缘位移随压头总位移的变化关系,图中参数定义与式(5-8)相同。可以看出,在加载过程中压入深度 δ_p 一直在增大,在总位移不太大时尤为明显。在加载初期管壁下缘位移较小,说明此时圆管以压入模式为主。空管结构由于截面变形大,抗弯刚度下降很多。

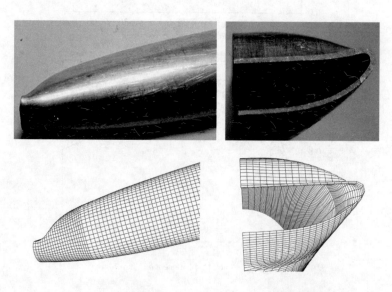

图 4-5 压头位移 $\delta = 50$mm 时 CS100 结构变形图

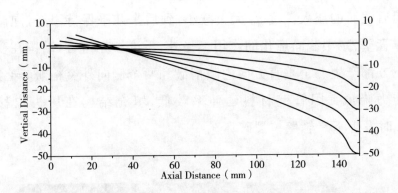

图 4 - 6 CS100S 半段顶缘轴线变形图

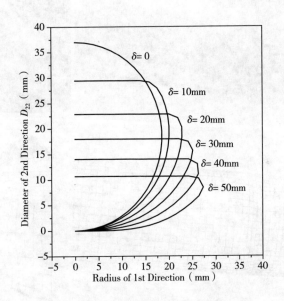

图 4 - 7 CS100S 半幅跨中截面变形图

图 4 - 8 给出了压头位移为 δ 为 18mm 时的填充结构变形图。填充管变形集中在压头下方一小段长度内,余下部分扁化不明显、变形很小。当压头位移 δ 为 18mm 时局部压入深度 δ_p 的计算值和实验值分别为 6.9mm 和 6.2mm,填充管 CS103 跨中截面局部压入深度和管壁下缘位

移随压头总位移的变化关系如图 4 - 9(b)所示。从图中可以看出,填充泡沫铝后截面的压入深度 δ_p 大大减小,到后来几乎保持不变,泡沫铝起了支撑管壁、减小截面扁化的作用。另外,不论填充与否,结构在受压区压头下方都产生一个垂直方向内陷褶皱和两个侧向外突褶皱,导致截面抗弯能力降低。因管壁材料延伸率较低,填充结构在压头位移 δ 为 18mm 时发生下缘管壁拉裂破坏。

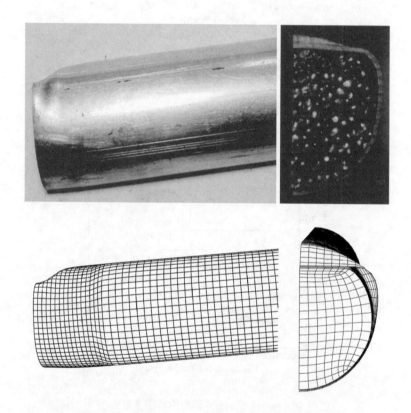

图 4 - 8　压头位移 δ＝18mm 时 CS103 结构变形图

4.4.3　计算结果分析

计算得到的三点弯曲压头载荷位移曲线如图 4 - 10 所示,可以看出,数值计算结果和实验吻合得较好。由于实验管壁材料延伸率较低,填充管发生下缘拉裂破坏,但在模型中没有引入管壁材料拉裂失效机制。比较可知,填充泡沫铝后结构承载力有很大提高。空管结构由于截面扁化量较大,截面抗弯刚度损失较多承载力较低;而填充后因泡沫铝对管壁内侧的支撑作用,减小了截面扁化从而提高了结构承载力。

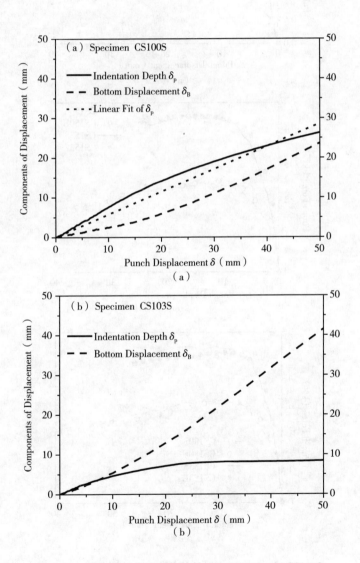

图 4 - 9 跨中截面位移变化关系:(a)CS100S;(b)CS103S

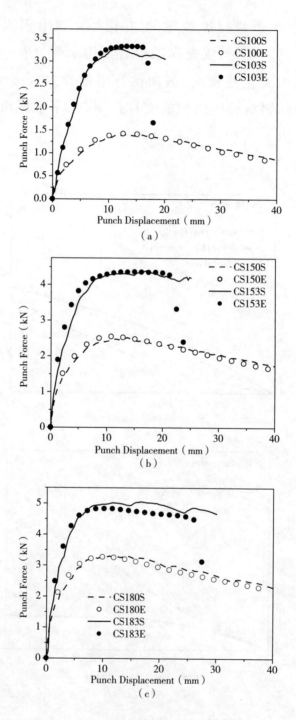

图 4 - 10　三点弯曲压头载荷数值计算结果

为了进一步研究填充结构中泡沫铝的承载机制，需要对加载过程中泡沫铝应力应变的分布和变化情况进行分析。图 4-11 给出了试件 CS103 跨中截面泡沫铝的等效塑性应变图，在压头位移 $\delta=5mm$ 时泡沫铝最大等效塑性应变约为 0.75，到压头位移 $\delta=10mm$ 时达到 0.92，可以看出，随着压头位移增大，受压区的泡沫铝逐渐压实，由此抗压强度增大，截面压力有部分转由受压区的泡沫铝承担，结构承载力随之提高。

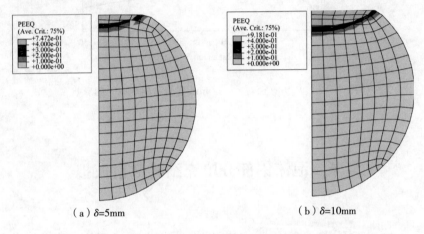

(a) δ=5mm   (b) δ=10mm

图 4-11　CS103 泡沫铝跨中截面等效塑性应变分布

4.5　压头直径对结构承载力的影响

局部压入量与压头直径有关，由此对结构承载力产生一定的影响，我们对压头直径 d 为 10、20、40mm 三种情况下结构的三点弯曲行为进行了数值计算，结果如图 4-12 所示。从图中可以看出，压头直径对空管承载力有些影响，但对填充管影响更大。当压头直径较小时，局部压入量较大，截面局部压入变形量较大导致抗弯能力损失较多，所以承载力随之降低较多。

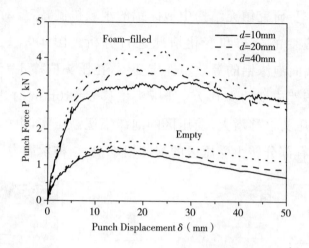

图 4-12   压头直径对 $t=1.0\text{mm}$ 圆管结构承载力的影响

4.6   泡沫铝部分填充结构数值模拟

Santosa 等[36]曾对部分填充泡沫铝方管进行过研究,说明部分填充能有效降低结构总重量,同时仍保持较高的承载力。

图 4-13 给出了全填充泡沫铝圆管的 Mises 应力分布情况。从图中可以看出,泡沫铝只在跨中和支座处承受较大应力,其他部分几乎不承载,泡沫铝存在一个有效填充长度。支座处应力分布长度约为 24mm,支座处的实际填充长度取为 20mm;跨中应力分布长度约为 62mm,压头下方的实际填充长度 L_f 取为 60mm,同时计算了 L_f 为 20mm 和 40mm 两种情况作为比较。考虑部分填充需要对泡沫铝和管壁进行粘结这一实际情况,泡沫铝与管壁之间由粗糙接触(Rough)改为固定约束(Tied)。作为比较,模拟计算了接触为固定约束(Tied)时的全填充结构。

图 4-14 给出了不同填充长度泡沫铝圆管的载荷-位移曲线。结果表

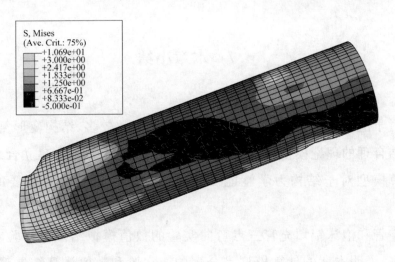

图 4-13　全填充时 CS103 泡沫铝应力分布

明,与空管结构相比部分填充泡沫铝能大大提高结构承载力。比较三种部分填充长度结果,L_f 为 20mm 时与全填充结构承载力相差较多,L_f 为 40mm 时略小于全填充结构承载力,而 L_f 为 60mm 时与全填充结构承载力非常接近,因此有效填充长度取 $L_{f,eff}=60$mm 是合适的。另外发现,全填充结构承载力峰值反而比 L_f 为 60mm 时部分填充低,是因为全填充结构粘结使变形更集中于跨中部分,跨中截面变形量较大承载力相对较低。

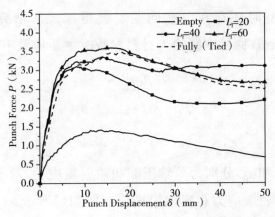

图 4-14　不同填充长度 $t=1.0$mm 泡沫铝填充圆管的载荷-位移曲线

4.7　本章小结

对于泡沫铝填充薄壁结构,由于涉及的参数较多、结构变形复杂,建立简洁合理的理论模型有一定的难度,因此在实验基础上建立合理的数值计算模型对于结构力学性能研究和结构优化设计有着重要的现实意义。

空管和泡沫铝填充管三点弯曲实验的数值模拟结果与实验结果吻合较好,说明本章的计算模型是合理的。实验和数值计算结果都表明,填充泡沫铝后,薄壁圆管三点弯曲承载力有很大提高且能保持在一定的水平上。填充结构泡沫铝主要起支撑管壁、减小截面变形作用,从而减小截面抗弯刚度的损失。到一定位移时泡沫铝趋近压实区,此时泡沫对截面上缘的抗压作用增大,从而提高截面的整体抗弯能力。局部压入量对截面抗弯性能影响很大,压头直径对结构承载力影响很大。结构虽是整体弯曲,但局部作用影响很大,若已知载荷作用点可采用部分填充,这样可以在结构总重量增加不多时可大幅度提高结构承载力。

在建立模型时还存在一些问题需要更深入的研究。可压缩泡沫(Crushable Foam)材料模型输入材料参数时主要涉及下面三个参量

$$k = \sigma_c^0 / p_c^0; 0 < k < 3 \tag{4-4}$$

$$k_t = p_t / p_c^0; k_t \geqslant 0 \tag{4-5}$$

$$v_p; -1 < v_p < 0.5 \tag{4-6}$$

其中,σ_c^0、p_c^0、p_t 和 v_p 分别为单轴压缩初始屈服应力、静水压缩初始屈服应力、静水拉伸屈服应力和塑性泊松比。体积(Volumetric)和各向同性(Isotropic)两种硬化模式分别需要输入 k、k_t 参量和 k、v_p 参量。各向同性硬化模式是拉压对等的,相当于体积硬化模式下 $k_t = 1.0$,而实际上泡

沫铝的拉应力比压应力要小得多,在结构承受弯矩时泡沫铝抗拉对结构承载力影响较大,采用各向同性硬化模式会使计算结果偏大。本章的泡沫铝材料模型均是采用体积硬化模式。

　　另外,本章数值计算模型中未引入材料的破坏断裂机制,另外对于泡沫铝与管壁之间的切向接触存有光滑(Frictionless)、阻碍(Penalty)和粗糙(Rough)三种观点,这些都有待于进一步研究分析。

第 5 章　准静态三点弯曲行为理论分析

5.1　空管三点弯曲行为研究介绍

外力功率等于结构塑性耗散功率。Oliveira 等[34] 对圆管压入问题进行了研究,采用极小化外力功率的方法得到下列关系式

$$\frac{\xi}{D} = \left\{ \left(\frac{\pi \delta_p}{4t} \right) \left[1 - \frac{1}{2} \left(1 - \frac{N}{N_p} \right)^2 \right] \right\}^{1/2} \quad (5-1)$$

$$\frac{P}{M_0} = 16 \left\{ \left(\frac{\pi \delta_p}{t} \right) \left[1 - \frac{1}{2} \left(1 - \frac{N}{N_p} \right)^2 \right] \right\}^{1/2} \quad (5-2)$$

其中,ξ 为压入区轴向长度的一半,D 为变形前的圆管直径,t 为管壁厚度,δ_p 为压入深度,M_0 表达式为式(2-4),指单位宽度的管壁材料发生理想塑性变形时的弯矩。几何模型如图 5-1 所示,N 为圆管内产生的轴向力,N_p 为全塑性轴力值 $N_p = \pi \sigma_0 Dt$。对于简支梁有 $N=0$,因此式(5-1)、式(5-2) 分别简化为

$$\frac{\xi}{D} = \sqrt{\frac{\pi \delta_p}{8t}} \quad (5-3)$$

$$\frac{P}{M_0} = 8 \sqrt{\frac{2\pi \delta_p}{t}} \quad (5-4)$$

随后 Wierzbicki 等[35] 通过纵向用弦连接的方式,得到压力、弯矩和轴力组合加载条件下的方程

$$\frac{\xi}{D}=\left\{\left(\frac{\pi\delta_p}{6t}\right)\left[1-\frac{1}{4}\left(1-\frac{N}{N_p}\right)^3\right]\right\}^{1/2} \tag{5-5}$$

$$\frac{P}{M_0}=16\left\{\left(\frac{2\pi\delta_p}{3t}\right)\left[1-\frac{1}{4}\left(1-\frac{N}{N_p}\right)^3\right]\right\}^{1/2} \tag{5-6}$$

Oliveira 等[34] 还研究发现,在以弯曲为主的垮塌阶段,周长相等的等效方管与圆管的弯曲承载力非常接近,两者的全塑性弯矩 M_{pl} 值都近似为

$$\frac{M_{pl}}{M_p}=1-\frac{\delta_p}{D} \tag{5-7}$$

其中,M_p 为圆管全塑性弯矩值,表达式为式(2-7)。考虑到结构三点弯曲时 $M_{pl}=PL/4$,综合联立式(5-4)、式(5-7),可得到压入模式向弯曲模式转化时的临界压力和临界压入深度。

研究圆管三点弯曲结构还需要解决压入深度与压头总位移之间关系的问题。对于图 5-1(b) 所示的参数定义,压头总位移 δ 等于压入深度 δ_p 与圆管下缘位移 δ_B 之和,即

$$\delta=\delta_p+\delta_B \tag{5-8}$$

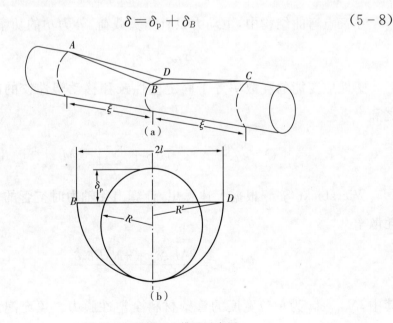

图 5-1　圆管压入模型示意图

53

Reid 等[28]在空管三点弯曲研究中根据实验结果得出压入深度与总位移近似成正比的结论,因该结论是在实验拟合基础上得到的,有待于进一步研究论证。

5.2　填充管三点弯曲行为理论研究

与空管结构类似,泡沫铝填充管三点弯曲行为的理论研究也需要解决下列三个问题:

(1)压入阶段的压入区轴向长度、压头载荷与压入深度之间的变化关系;

(3)弯曲阶段的弯曲承载力与压入深度之间的关系;

(3)压入深度与总位移之间的关系。

根据虚速度原理,外力功的功率等于塑性应变能的耗散率,即

$$\dot{E}_{\text{ext}} = \dot{E}_{\text{int}} \tag{5-9}$$

在三点弯曲结构中,主动力只有压头载荷,外力功的功率为

$$\dot{E}_{\text{ext}} = P\dot{\delta}_{\text{p}} \tag{5-10}$$

塑性应变能的耗散率等于固定塑性铰和移动塑性铰的能量耗散率之和

$$\dot{E}_{\text{int}} = \int_S (M^{\alpha\beta}\dot{k}_{\alpha\beta} + N^{\alpha\beta}\dot{\varepsilon}_{\alpha\beta}) \, dS + \sum_i \int_{\Gamma(i)} M_0^{(i)} [\Omega]^{(i)} \, d\Gamma \tag{5-11}$$

Wierzbicki 等[35]根据上述思想,计算出无轴力时空管的塑性应变能耗散率

$$\dot{E}_{\text{int\_tube}} = \frac{8M_0\xi\dot{\delta}_{\text{p}}}{R} + \frac{\pi N_0 R\delta_{\text{p}}\dot{\delta}_{\text{p}}}{\xi} \tag{5-12}$$

其中,$N_0 = \sigma_0 t$ 为单位宽度的管壁材料全塑性膜力。填充泡沫铝只改变压入深度与压头总位移之间的关系,管壁的压入变形模式基本不变。泡

沫铝填充管总塑性应变能的耗散率等于空管和泡沫铝的塑性应变能耗散率之和

$$\dot{E}_{\text{int}}=\dot{E}_{\text{int\_tube}}+\dot{E}_{\text{int\_foam}} \tag{5-13}$$

当只考虑侧向压缩,忽略泡沫铝的轴向压缩时,泡沫铝相当于单向压缩状态,应力可近似取为平台应力,则泡沫铝的塑性应变能耗散率为

$$\dot{E}_{\text{int\_foam}}=\int_{V}\sigma_{\text{f}}\mathrm{d}V=\int_{A}\sigma_{\text{f}}\dot{W}\mathrm{d}A\cos\alpha \tag{5-14}$$

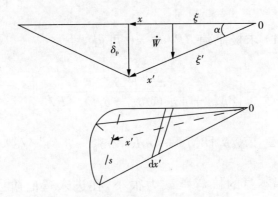

图 5-2 泡沫铝速度场分布

其中,$\dot{W}$ 为泡沫铝面积元的虚速度,α 为虚速度与面积元法线之间的夹角值。另外假设泡沫铝的速度场按线性分布,如图 5-2 所示,根据几何关系可得

$$\dot{W}=\dot{\delta}_{\text{p}}x/\xi \tag{5-15}$$

$$\mathrm{d}A=2s\mathrm{d}x'=\frac{x}{\xi} \tag{5-16}$$

$$\mathrm{d}x=\mathrm{d}x'\cos\alpha \tag{5-17}$$

$$s=\sqrt{2r\delta_{\text{p}}-\delta_{\text{p}}^{2}} \tag{5-18}$$

其中,r 为圆管内半径 $r=R-t/2$。最后得到泡沫铝的塑性应变能耗散率

$$\dot{E}_{\text{int\_foam}} = \frac{4}{3}\sigma_{\text{f}}\,(2r\delta_{\text{p}} - \delta_{\text{p}}^2)^{1/2}\dot{\delta}_p \qquad (5-19)$$

联立式(5-9)、式(5-13)和式(5-19)可得

$$P\dot{\delta}_{\text{p}} = \left[\frac{8M_0}{R} + \frac{4}{3}\sigma_{\text{f}}\,(2r\delta_{\text{p}} - \delta_{\text{p}}^2)^{1/2}\right]\dot{\delta}_{\text{p}} + \frac{\pi N_0 R\delta_{\text{p}}\dot{\delta}_{\text{p}}}{\xi} \qquad (5-20)$$

$$P = \left[\frac{8M_0}{R} + \frac{4}{3}\sigma_{\text{f}}\,(2r\delta_{\text{p}} - \delta_{\text{p}}^2)^{1/2}\right]\xi + \frac{\pi N_0 R\delta_{\text{p}}}{\xi} \qquad (5-21)$$

对式(5-21)求极小值 $\partial P/\partial\xi = 0$ 可得

$$\xi = \left[\frac{\pi N_0 R^2 \delta_{\text{p}}}{8M_0 + 4\sigma_{\text{f}}\,(2r\delta_{\text{p}} - \delta_{\text{p}}^2)^{1/2}R/3}\right]^{1/2} \qquad (5-22)$$

$$P = 2\,\{\pi N_0\delta_{\text{p}}[8M_0 + 4\sigma_{\text{f}}R\,(2r\delta_{\text{p}} - \delta_{\text{p}}^2)^{1/2}/3]\}^{1/2} \qquad (5-23)$$

由于泡沫铝本身的抗弯承载力很小,在进入弯曲阶段后,填充管的承载弯矩可近似按式(5-7)计算。另外压头总位移和压入深度之间的关系采用第4章的有限元计算结果(详见图4-9),最后得到图5-3所示的空管和填充管三点弯曲理论计算结果。

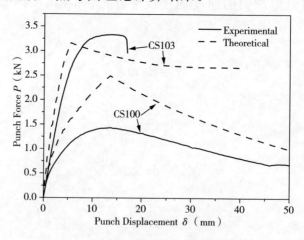

图5-3 理论计算与实验结果比较

5.3　本章小结

　　Reid 等[28]曾按上述思路,参照 Oliveira 等[34]得到的压入和弯曲阶段理论计算结果,加上实验得到压头总位移与压入深度之间的关系,对空管三点弯曲做过研究。本书的计算思想也基本相同,只是压头总位移与压入深度之间的关系是由有限元计算得到的。对于泡沫铝填充管,计算压入阶段的载荷时,借用 Wierzbicki 等[35]得到的空管结构计算结果,同时考虑了泡沫铝的影响,得到一个类似的压入载荷表达式。忽略泡沫铝影响,填充管和空管弯曲阶段的计算结果相似,不同的是由于泡沫铝的支撑作用,填充管的压入深度大大减小。

　　由于未能得到压头总位移与压入深度之间关系的表达式,计算结果都是半经验半理论的,另外未能得到填充管弯曲阶段时泡沫铝的弯曲承载力理论值,这些都有待于进一步研究。

第6章 研究总结及展望

    泡沫金属材料作为一种新型的多功能工程材料,以其低密度、高比强度和比刚度以及良好的吸能、隔音、绝热、抗腐蚀性能,在各种军用和民用的工程结构展现出广泛的应用前景,尤其是以泡沫金属材料为内填充物的超轻复合结构(夹芯梁、板、管和壳等),在航空航天、汽车船舶、机械建筑和包装防护等领域得到了广泛的应用。泡沫铝填充薄壁结构可以在结构总质量增加不大的情况下有效提高结构承载性能,因而受到广泛的关注和研究。圆管结构是汽车、航空、船舶等行业的常用结构,横向弯曲是一种较为常见的承载模式,Kim 等[32]用实验和数值模拟的方法研究了泡沫铝合金填充薄壁圆管的弯曲行为,结果表明填充泡沫铝后结构承载力有很大提高。Kim 等只研究了一种管壁厚度和一种跨径时的结构弯曲行为,而壁厚和跨径对圆管三点弯曲结构影响非常大,需要对此做进一步研究。

    本书首先用实验方法研究了三种不同管壁厚度、两种跨径的泡沫铝合金填充圆管的三点弯曲力学性能,得到了泡沫铝合金填充管结构承载过程中的三种变形模式,即压入、压入弯曲和管壁下缘拉裂破坏。本书给出了空管和泡沫铝合金填充管的载荷-位移曲线并进行了比较。实验发现泡沫铝合金填充管结构的承载能力随泡沫铝合金密度的增大而增大,但破坏应变则随之减小。结构承载力的相对提高量随着管壁厚度的减小和跨径的增大而增大。此外,分析了泡沫铝合金提高填充管结构承载能力的机理。泡沫铝合金填充使管壁压入量和管截面抗弯刚度的损失显著减小,从而提高了结构的抗弯能力。

本书接着研究了低速冲击下泡沫铝合金填充圆管三点弯曲变形模式和承载性能。比较低速冲击和准静态两种加载方式可知,相同结构的变形模式基本相同。另外,管壁厚度、泡沫铝对结构变形的影响也相似。落锤冲击力普遍高于准静态时的 MTS 压头静压力,冲击力功有部分转化为圆管结构的动能。

随后用 ABAQUS/EXPLICIT 有限元分析软件在模拟了泡沫铝单轴压缩的基础上,采用有限元数值模拟的方法研究了泡沫铝填充薄壁圆管三点弯曲行为,分析了泡沫铝填充对提高结构承载力的作用机理,并将数值模拟结果与实验结果进行了对比。最后,采用有限元数值模拟进一步研究了压头直径和局部填充泡沫铝对结构承载力的影响。

最后在 Wierzbick 和 Reid 关于空管弯曲行为研究成果基础上,得出填充管三点弯曲行为半经验半理论的结果。

总体来说,泡沫铝填充结构的力学行为比较复杂,涉及管壁材料性质、泡沫铝芯层材料性质、管壁和芯层的几何尺寸、载荷特征等诸多参数,同时随参数变化可能存在多种作用机制,因此建立合理而又简洁的理论模型有一定的难度。由此在实验基础上建立合理的数值计算模型对于结构性能研究和结构优化设计有着重要的现实意义。在选择数值计算模型时,需要对基本材料性能参数、结构几何模型、接触条件、网格单元选取、加载条件等因素深入研究比较,理清各种因素的影响特点,这样才能确定与实际情况较为相符的合理模型。

上篇　参考文献

[1] DANNEMANN K A, LANKFORDJ Jr. High strain rate compression of closed-cell aluminium foams[J]. Materials Scienceand Engineering, 2000, A293:157 - 164.

[2] GIBSON L J, ASHBY M F. Cellular Solids Structure and Properties [M]. Oxford:Pergamon Press,1997.

[3] DESHPANDE V S,FLECK N A. High strain rate compressive behaviour of aluminium alloy foams[J]. International Journal of Impact Engineering, 2000,24:277 - 298.

[4] KENNY L D. Mechanical properties of particle stabilised aluminium foam [J]. Material Science Forum,1996,1883:217 - 222.

[5] J, DANNEMANN K A. Strain rate effects in porous materials [C]//. Proceedings of the Symposium of the Materials. Research Society,Materials Research Society,1998,521:103 - 108.

[6] MUKAI T, KANAHASHI H, YAMADA Y, etal. Dynamic compressive behavior of an ultra-lightweight magnesium foam[J]. Scripta Materialia, 1999,41(4):365 -371.

[7] Dannemann K A,LankfordJ Jr. High strain rate compression of closed-cell a-luminium foams [J]. Materials Science and Engineering, 2000, A293 : 157 -164.

[8] MUKAI T, KANAHASHI H, YAMADA Y, etal. Dynamic compressive

behavior of an ultra-lightweight magnesium foam[J]. Scripta Materialia, 1999,41(4):365 -371.

[9] KANAHASHI H,MUKAI T,YAMADA Y,etal. Dynamic compression of an ultra-low density aluminium foam[J]. Material Science Engineering,2000, A280(2):349 - 353.

[10] PARK C,NUTT S R. Strain rate sensitivity and defects in steel foam [J]. Materials Science and Engineering,2002,A323:358 - 366.

[11] MONTANINI R. Measurement of strain rate sensitivity of aluminium foams for energy dissipation[J]. International Journal of Mechanical Sciences, 2005,47:26 - 42.

[12] V S, FLECK N A. Isotropic constitutive models for metallic foams [J]. Journal of the Mechanics and Physics of Solids,2000,48:1253 -1283.

[13] Liu Q L, Subhash G. A phenomenological constitutive model for foams under large deformations[J]. Polymer Engineering and Science,2004,44(3): 463 - 473.

[14] REYES A, HOPPERSTAD O S, BERSTAD T, etal. Constitutive modeling of aluminum foam including fracture and statistical variation of density [J]. European Journal of Mechanics A/Solids,2003,22:815 - 835.

[15] MILLER R E. Continuum plasticity model for the constitutive and indentation behaviour of foamed metals [J]. International Journal of Mechanical sciences,2000,42:729 - 754.

[16] CHEN C,LU T J. A phenomenological framework of constitutive modelling for incompressible and compressible elasto-plastic solids[J]. International Journal of Solids and Structures,2000,37:7769 - 7786.

[17] HANSSEN A G, HOPPERSTAD O S, LANGSETH M, etal. Validation of constitutive models applicable to aluminium foams[J]. International Journal of Mechanical Sciences,2002,44:359 - 406.

[18] KECMAN D. Bending collapse of rectangular and square section tubes [J]. International Journal of Mechanical Sciences,1983,25:623 - 636.

［19］WIERZBICKI T,RECKE L,ABRAMOWICZ W,etal. Stress profiles in thin-walled prismatic columns subjected to crushing loading—II. Bending ［J］. Computers & Structures,1994,51:624 - 640.

［20］ELCHALAKANI M,ZHAO X L,GRZEBIETA R. Bending tests to determine slenderness limits for cold—formed circular hollow sections ［J］. Journal of Constructional Steel Research,2002,58:1407 - 1430.

［21］MAMALIS A G,MANOLAKOS D E,BALDOUKAS A K,etal. Deformation characteristics of crashworthy thin-walled steel tubes subjected to bending ［J］. Proc Inst Mech Eng C,J Mech Eng Sci,1989,203:411 - 417.

［22］ELCHALAKANI M,ZHAO X L,GRZEBIETA R H. Plastic mechanism analysis of circular tubes under pure bending［J］. International Journal of Mechanical Sciences,2002,44:1117 - 1143.

［23］ELCHALAKANI M,GRZEBIETA R,ZHAO X L. Plastic collapse analysis of slender circular tubes subjected to large deformation pure bending ［J］. Advances in Structural Engineering,2002,5:241 - 257.

［24］Soares G C, Soreide T H. Plastic analysis of laterally loaded circular tubes. Journal of Structural Engineering,1983,109:451 - 467.

［25］THOMAS S G,REID S R,JOHNSON W. Large deformations of thin-walled circular tubes under transverse loading—I［J］. In J Mechanical Science, 1976,18:325 - 333.

［26］PACHECO L A,DURKIN S. Denting and collapse of tubular members—a numerical and experimental study［J］. Int J Mech Sci,1988,30:317 - 331.

［27］WIERZBICKI T,SUH M S. Indenting of tubes under combined loading ［J］. International Journal of Mechanical Sciences,1988,30(3/4):229 - 48.

［28］REID S R,GOUDIE K. Denting and bending of tubular beams under local loads［C］//. Structural failure,New York:Wiley,1989:331 - 364.

［29］HANSSEN A G,HOPPERSTAND O S,LANGSETH M. Bending of square aluminium extrusions with aluminium foam filler［J］. Acta Mechanica,2000, 142:13 - 31.

[30] SANTOSA S,BANHART J,WIERZBICKI T. Experimental and numerical analysis of bending of foam-filled sections[J]. Acta Mechanica ,2001,148: 199 - 213.

[31] 许坤,寇东鹏,王二恒等. 泡沫铝填充薄壁方形铝管的静态弯曲崩毁行为[J]. 固体力学学报,2005,26(3):261 - 266.

[32] Kim A,Chen S S,Md Anwarul Hasan M A,etal. Bending behavior of thin-walled cylindrical tube filled with aluminum alloy foam[J]. Key Engineering Materials,2004,170 - 273:46 - 51.

[33] HANSSEN A G, HOPPERSTAD O S, Langseth M. Bending of square aluminium extrusions with aluminium foam filler[J]. Acta Mechanica,2000, 142:13 - 31.

[34] DE OLIVEIRA J,WIERZBICKi T,ABRAMOWICZ W. Plastic behavior of tubular members under lateral concentrated loading [J]. Nor Veritas Tech Rep. 1982

[35] WIERZBICKI T,SUH M S. Indentation of tubes under combined loading [J]. Int J Mech Sci,1988,30:229 - 48.

[36] Santosa S,Banhart J,Wierzbicki T. Bending crushing resistance of partially foam-filled sections[J]. Advanced Engineering Materials,2000,2:223 - 227.

下 篇

轻质夹芯结构塑性力学行为研究

第 1 章　绪　论

1.1　夹芯结构的典型构型及承载特点

夹芯结构广泛用于航空、船舶、汽车及娱乐建筑,因为它们具有较高的比强度、比刚度,以及优良的防腐性能和稳定性。典型的夹芯结构一般由三层材料黏结而成,中间芯层采用较厚的轻质材料,两层表皮采用厚度较薄、强度较高的材料。表皮一般采用实体材料,如各种金属或复合材料,而芯层多采用轻质材料,包括金属及非金属蜂窝、软木、晶格材料,以及聚合物或金属基体的泡沫[1-6]。在外载的作用下,强度高的表皮主要起抗拉和抗压的作用[7],而较厚的芯层一方面使表皮分开一段距离增大抗弯刚度,另一方面提高结构的抗剪强度[8]。

从工程用途角度来说,夹芯结构的作用可分为三大类。一是作为承载结构,主要利用夹芯结构的比刚度、比承载力较高的性能,质量较轻却能提供较大的刚度和承载力。二是作为吸能防护结构,利用夹芯结构比吸能较高的性能,质量较轻却能吸收较多的塑性耗散能,从而保护易受伤害的对象。三是承载、吸能二者兼有,在利用夹芯结构的比承载能力的同时,兼顾考虑发生意外碰撞损伤时的缓冲吸能作用。

从材料响应角度来说,当夹芯结构作为承载结构使用时,主要考虑材料在弹性响应阶段的性能,不考虑材料的塑性破坏。理论分析时,主要采用经典弹性理论及其特定条件下的简化方法。当夹芯结构作为吸能防护结构时,主要考虑材料发生塑性变形时能量耗散的性能。理论分析时,主要采用能量平衡及有关原理。当同时考虑承载和吸能时,需要进行综合设计。

夹芯结构在使用时的边界条件多种多样,但归纳起来主要有两大类:刚性面支承和边缘支承。其中,刚性面支承是指整个夹芯结构平放在刚性面上,一侧表皮与刚性面完全接触。这种结构一般用于防护背面的受保护对象,使其免受外载冲击,结构变形主要表现为局部压入等压缩行为。而边缘支承是指夹芯结构主要在端部或周边受到约束,其他部位为自由状态,在受到横向承载时主要发生弯曲变形。另外,夹芯结构一般表皮厚度较薄、芯层强度较低,在受到外载尤其是集中载荷作用时,易于发生局部压入变形。因此,整体弯曲常常伴随有局部压入变形,一方面降低了结构的整体抗弯能力,另一方面增加了理论分析的难度。

一般来说,材料在加载过程随着载荷逐渐增大,依次经历弹性、弹性-塑性,以及塑性占主导的刚性-塑性三个典型的变形阶段。对于表皮,当载荷较小时,结构内力以弯矩为主,随后膜力的影响越来越大。夹芯结构的表皮材料与芯层材料差异很大,材料响应会产生不同的组合状态。

对于夹芯结构力学行为的研究已有很多,实验研究、有限元模拟和理论分析三种方法都有。本书关注的是理论分析方法,下面根据夹芯结构的承载边界条件以及材料响应状态分类,对其中的代表性理论模型做简述。

1.2 刚性面支承夹芯结构压入行为

工程应用中,在受到质量块冲击时,夹芯结构可以用作抗冲撞的能量吸收器,从而保护背面的受保护对象免遭撞击。此时,夹芯结构的承载边界可看作刚性面支承,另外与刚性面接触的下表皮基本不参与承载,由此结构响应可简化为芯层基础薄板的局部压入行为。再者,局部压入变形响应的规律可作为既有局部压入变形又有整体弯曲变形的复杂变形行为研究的基础。因此,研究夹芯结构的局部压入响应是非常有必要的。

一般情况下,随着加载位移的增加,夹芯结构压入将依次进入三个响应阶段(图 1-1):弹性基础上的梁板;刚性-塑性基础上的梁板;刚性-塑性基础上的膜[9-10]。

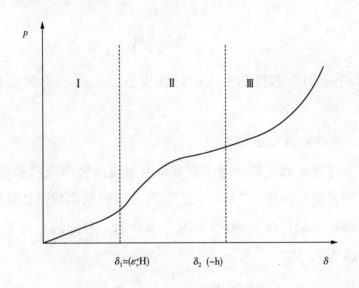

I. Plate on an elastic foundation

II. Plate on a rigid-plastic foundation

III. Membrane on a rigid-plastic foundation

图 1-1 局部压入时的三个响应阶段[9]

Fig. 1-1 Three response stages of localized indentation

1.2.1 弹性响应分析

当压入位移较小时,夹芯结构表皮和芯层都处于弹性阶段。一般有两种简化模型:文科勒地基模型和两参数弹性基础模型。前者只考虑弹性基础对表皮的竖向支承作用,后者同时考虑竖向支承和剪切两种作用。

1.2.3.1 文科勒地基模型

大量研究都把弹性基础看作文科勒地基,即表皮与芯层之间的接触应力 q 与挠度 w 成正比

$$q = kw \qquad (1-1)$$

当芯层为有限厚度和半无限空间体时,地基反应模量 k 分别为[8-11]

$$k = E_c/c \qquad (1-2)$$

$$k = 0.64 \frac{E_c}{h} \left(\frac{E_c}{E_f} \right)^{1/3} \qquad (1-3)$$

其中,E_c,E_f 分别为芯层和表皮的弹性模量;c,h 分别为芯层和表皮的厚度。

1.2.3.2 两参数弹性基础模型

两参数弹性基础是指同时考虑基础对表皮的竖向支承和剪切作用,相应的压缩及剪切刚度。Thomsen 等[12-13] 采用两参数弹性基础模型研究了夹芯圆板的局部压入响应,如图 1-2 所示。基础的竖向支承应力 σ_z 和切向剪应力 τ_{zr} 为

$$\sigma_z = k_z w(r) , \tau_{zr} = k_r (r, -h/2) \qquad (1-4)$$

其中,k_z,k_r 分别为竖向模量和切向模量。

Yang 等[14] 采用两参数弹性基础模型研究了矩形夹芯板局部压入响应,如图 1-3 所示。基础芯层的弹性响应表示为

$$\sigma_{zz}(x,y) = k_{zz} w(x,y),$$

$$\sigma_{zy}(x,y) = k_{zy} u(x,y,-h/2), \qquad (1-5)$$

$$\sigma_{zx}(x,y) = k_{zx} u(x,y,-h/2)$$

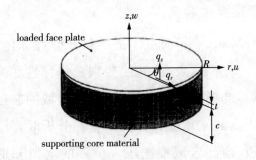

图 1-2 两参数弹性基础上的弹性圆板[13]

Fig. 1-2 Elastic,circular plate on a two-parameter elastic foundation

其中,横向位移场假定具有如下形式

$$w(x,y,z) = w(x,y)\psi(z) \ , \psi(z) = \frac{\sinh\left[\gamma(1 - z/h)\right]}{\sinh(\gamma)} \qquad (1-6)$$

其中,γ 是一个常数,用于定义芯层位移沿厚度的分布形式。

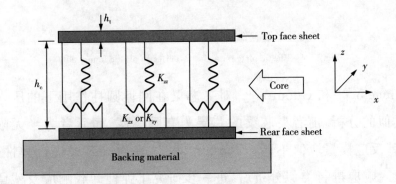

图 1-3 两参数弹性基础上的弹性矩形板[14]

Fig. 1-3 Elastic,rectangular plate on a two-parameter elastic foundation

1.2.2 弹塑性响应分析

当加载位移继续增大时,芯层材料开始进入塑性阶段。此时存在两种分析思路:一是考虑芯层的弹性以及塑性响应,假设芯层为弹性-理想塑性材料;二是忽略芯层的弹性响应,假设芯层为刚性-理想塑性材料。

1.2.2.1　考虑芯层弹性响应

Olsson 和 McManus[15] 研究了夹芯板在弹性球体作用下的轴对称压入响应,如图 1-4 所示,表皮、芯层分别看作弹性和弹性-理想塑性材料。当芯层屈服后,变形区分为两部分,外部区域的芯层为弹性结构,内部区域的芯层对表皮的支承应力保持不变。分析时,外部区域看作文科勒地基上的弹性板,内部区域根据压入位移的增加分别采用小挠度板、一阶大挠度板和膜理论进行分析。

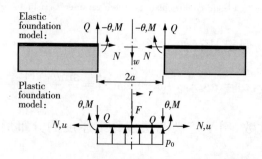

图 1-4　弹性-理想塑性基础上的弹性板[15]

Fig. 1-4　Elastic plate on a elastic, perfectly plastic foundation

Shuaeib[16] 和 Gdoutos[17] 对夹芯梁在刚性圆柱作用下的压入响应做了类似的分析,前者夹芯梁的芯层为有限厚度,而后者为半无限空间体,地基反应模量取值不同。Zenkert 等[18] 在对夹芯梁进行弹性-理想塑性压入响应进行类似分析后,进一步研究了弹性卸载响应及残留孔洞的大小。夹芯梁压入位移 u 的控制方程可统一写成

$$\frac{\mathrm{d}^4 u}{\mathrm{d}x^4} = -\frac{q}{E_f I_f} \qquad (1-7)$$

对于理想塑性芯层及弹性芯层,支承应力 q 分别为 $\sigma_c b$ 和 ku,k 为弹性基础的反应模量。

Yang 等[19] 根据传统的弹性-理想塑性基础梁板模型,得到夹芯梁的压入载荷-位移关系。在此基础上提出并得到柔度及其梯度,用于冲

击压头的运动方程以研究结构的冲击响应。柔度 C 及其梯度 ψ 的定义为

$$C = \frac{\partial \delta}{\partial P} \tag{1-8}$$

$$\psi = \frac{\partial^2 \delta}{\partial P^2} \tag{1-9}$$

其中,δ,P 分别为压头位移及接触载荷。

1.2.2.2　忽略芯层弹性响应

Soden 等[20] 研究了刚性面支承夹芯梁的压入响应,如图 1-5 所示,把表皮看作刚性-理想塑性基础上的弹性梁,采用经典梁理论得到简洁的理论解,并在此基础上分析了结构的失效及吸能特点。梁的载荷 P 与位移 δ 的关系式为

$$P = \frac{4}{\sqrt{3}} \left(\frac{2}{3}\right)^{1/4} bh^{3/4} E_{\mathrm{f}}^{1/4} \sigma_{\mathrm{c}}^{3/4} \delta^{1/4} \tag{1-10}$$

其中,b,h 分别为表皮的宽度和厚度,而 E_{f},σ_{c} 分别为表皮的杨氏模量和芯层材料的压缩强度。

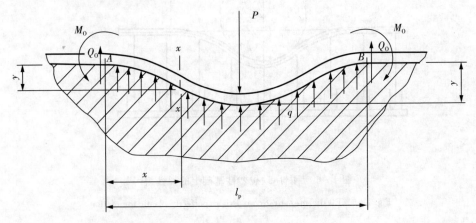

图 1-5　刚性-理想塑性基础上的弹性梁[20]

Fig. 1-5　Elastic beam on a rigid,perfectly plastic foundation

Turk 等[21] 研究了压入位移较大时半球压头作用下的夹芯板响应，如图 1-6 所示。根据最小势能原理，忽略弯矩作用，把结构看作刚性-理想塑性基础上的正交异性弹性膜。分析模型假定变形区具有如下形式的位移场

$$w(x,y) = \begin{cases} w_0 + \sqrt{R^2 - (x^2 + y^2)} - \sqrt{R^2 - \rho^2} \,, \text{for } 0 < x^2 + y^2 < \rho^2 \\ w_0 \left(1 - \dfrac{x - \rho}{\xi - \rho}\right)^2 \left(1 - \dfrac{y - \rho}{\xi - \rho}\right)^2 \,, \text{for } \rho^2 < x^2 + y^2 < \xi^2 \end{cases}$$

$$(1 - 12)$$

其中，ρ，ξ 分别为压头与表皮的接触半径和变形区半径。Williamson[22] 的实验结果表明，接触半径 ρ 与压头半径 R 之间近似存在 $\rho = 0.4R$ 的关系。Turk 采用此关系得到近似程度较好的封闭解。

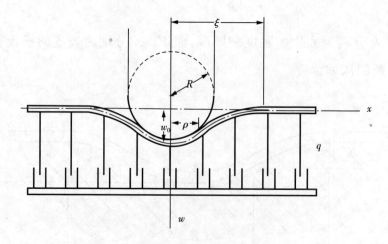

图 1-6   刚性-理想塑性基础上的弹性膜[21]

Fig. 1-6   Elastic membrane on a rigid, perfectly plastic foundation

当压头为圆柱端头时，接触半径始终为压头半径 R，方程简化为

$$w(x,y)=\begin{cases} w_0, \text{for } 0 < x^2 + y^2 < R^2 \\ w_0\left(1-\dfrac{x-\rho}{\xi-\rho}\right)^2\left(1-\dfrac{y-\rho}{\xi-\rho}\right)^2, \text{for } R^2 < x^2 + y^2 < \xi^2 \end{cases}$$

$$(1-12)$$

Fatt[9]和 Du 等[23]采用上面的位移场刚性-理想塑性基础上的弹性膜压入响应。分析时,Fatt 采用下面的位移场分析刚性-理想塑性基础上的弹性板压入响应

$$w(x,y)=\begin{cases} w_0, \text{for } 0 < x^2 + y^2 < R^2 \\ w_0\left[1-\left(\dfrac{x-\rho}{\xi-\rho}\right)^2\right]^2\left[1-\left(\dfrac{y-\rho}{\xi-\rho}\right)^2\right]^2, \text{for } R^2 < x^2 + y^2 < \xi^2 \end{cases}$$

$$(1-13)$$

对于夹芯结构弹塑性压入响应的研究,近期还有一些新的分析方法和理论模型。Wang 等[24]分别采用叠加原理和最小势能原理建立了夹芯梁及夹芯板压入响应理论模型。另外,Pitarresi 等[25]根据文科勒地基理论,采用分片模型(segment-wise model)得到刚性面支承泡沫夹芯梁的压入响应的理论解。其中,泡沫芯层的压缩行为可分别简化为弹性理想塑性、双线性和双线性理想塑性三种材料模型。

1.2.3　残留孔洞研究

当冲击载荷卸载后,结构的弹性变形将回复,而塑性变形残留下来,因此结构表面将产生局部的残留孔洞。在某些情况下,可以通过检测残留孔洞来评估结构的受损状况,进而预测结构的剩余承载性能及使用寿命。

为了预测残留孔洞尺寸及芯层里的残余应力应变,Rizov 等[26-30]发展创建了夹芯结构局部压入加卸载有限元模型,并采用实验方法进行了比较验证。考虑了夹芯梁和夹芯板分别在圆柱及球头作用下的两种情

况。有限元模型采用 ABAQUS 计算软件,芯层材料的塑性响应采用可压缩泡沫材料模型(Crushable Foam)。另外,还特别考查了表皮厚度、压头尺寸、加载速率及芯层材料对压入响应的影响。

在理论研究方面,Zenkert 等[18] 假设芯层材料为弹性-理想塑性,采用经典弹性地基梁理论分析加卸载响应,得到残留孔洞及芯层残余应变。Koissin 和 Shipsha[31] 采用相似的方法,在考虑表皮的弹性弯曲及芯层的非线性变形的基础上,得到表皮的残留孔洞和芯层损伤特点。Minakuchi 等[32-33] 根据结构的周期性特点,提出了分片模型(segment-wise model)把夹芯结构分成多个组成部分,用于研究蜂窝夹芯梁的加卸载响应,与实验结果比较发现该模型优于传统的弹性-理想塑性模型。

1.3　端部(边缘)支承夹芯结构弯曲行为

端部(边缘)支承的柔性芯层夹芯结构在受到横向载荷作用时,除了产生整体弯曲变形外,同时产生局部压入变形,如图 1-7 所示。局部压入与整体变形相互响应、相互制约,增加了问题分析的复杂性。

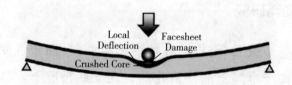

图 1-7　夹芯结构集中载荷作用下的典型变形图[33]

Fig. 1-7　Typical deformation of sandwich constructions under a concentrated load

对于夹芯梁三点弯曲行为,实验研究结果表明,由于存在较大的局部压入变形,低速冲击时的能量吸收性能比准静态加载时较低[34]。而进一步的研究结果表明,低速冲击下夹芯梁的失效模式和破坏过程与准静态时基本相似,但载荷随位移的变化关系有很大差别[35]。

1.3.1　弹性响应分析

对于夹芯结构横向加载时的弯曲行为,主要有三种分析方法:三维层状弹性理论、经典夹芯梁理论和高阶理论。其中,三维层状弹性理论把夹芯结构的表皮和芯层都看作三维弹性实体,采用经典弹性理论进行分析;经典夹芯梁理论假设平截面保持为平面且垂直中性轴;高阶理论最先由 Frostig 等提出,其模型介于前两种方法之间,把芯层看作三维弹性实体,而将表皮简化为梁或板。

1.3.1.1　三维层状弹性理论

弹性理论,是横向加载时三维层状弹性实体的精确解,最早由 Pagano[36] 发展得到。

Anderson 等[38] 根据 Reissner 变分原理[39] 得到夹芯板每一层的控制方程,进一步采用傅里叶级数简化,分析了刚性球压入情况下四周简支时的矩形夹芯板应力、应变分布以及接触压力随压入深度的变化,如图 1−8 所示。

Lee 等[40] 根据 Timoshenko 弹性地基板理论[41] 和简支圆板的应力分布规律[42],得到夹芯板简支时芯层反应模量为刚性支承时的 2 倍,即

$$k = 2E_c/c \qquad (1-14)$$

1.3.1.2　经典夹芯梁(SBCT) 和一阶剪切变形理论

经典梁理论,假设平截面保持为平面且垂直于中性轴。一阶剪切变形理论,假设平截面保持平面,但并不与中心轴垂直而是存在一个剪切角。经典夹芯梁理论结果由 Allen[43] 提出,基本假设为忽略芯层长度方向的刚度,芯层剪应力沿厚度方向保持不变,简支梁的跨中位移为

$$\Delta = \frac{PL^3}{48\,(EI)_{eq}} + \frac{PL}{4\,(AG)_{eq}} \qquad (1-15)$$

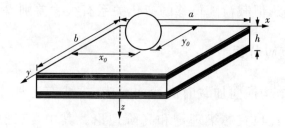

图 1 - 8   刚性球压入四周简支夹芯板[38]

Fig. 1 - 8   A simply supported sandwich panel dented by a rigid sphere

其中,P 为跨中载荷,L 为跨径,$(EI)_{eq}$ 为等效抗弯刚度

$$(EI)_{eq} = \frac{E_f bhd^2}{2} + \frac{E_f bh^3}{6} + \frac{E_c bc^3}{12} \approx \frac{E_f bhd^2}{2} \qquad (1-16)$$

$(AG)_{eq}$ 为夹芯梁等效抗剪刚度

$$(AG)_{eq} = \frac{bd^2 G_c}{c} \approx bdG_c \qquad (1-17)$$

其中,$d = c + h$,G_c 为芯层剪切模量。

经典夹芯梁理论可以用于刚性芯层夹芯梁,对于柔性芯层夹芯梁则无法预测集中载荷作用点及支承点附近复杂的应力、应变分布[44]。

1.3.1.3   高阶理论

高阶理论由 Frostig 等[45-48] 提出,分别把表皮、芯层看作梁板和弹性实体。由于芯层面内刚度很低,忽略面内应力。该方法采用变分原理,给出一组常微分控制方程,采用傅里叶级数求解,可以给出通用、精确的封闭解,适用于类型、加载方式及边界条件任意组合方式的夹芯结构。对于二维、三维分别称为高阶夹芯梁理论(HOSBT)和高阶夹芯板理论(HSAPT)。

对于夹芯梁(板)的弯曲行为,Frostig 等曾做了大量的研究:非对称表皮的夹芯梁的弯曲特征[48];夹芯梁的应力分布及失效模式[49];简支矩形夹芯板弯曲行为的局部荷载效应[50];夹芯梁支承点及加载点的局部弯曲效应引起局部应力集中现象[51];在应力集中区域提高芯层强度后的响应特点[52]。因为高阶理论有多个复杂的控制方程不易求解,Frostig 等人提出了两种简化计算方法[53]。

Petras 等的研究结果表明,表皮和芯层的刚度会对压头下的局部行为产生重大影响,如图 1-9 所示。表皮非常柔软时,大部分载荷直接传到芯层,超过芯层强度时就会产生较大的局部压入变形,反之由于表皮对载荷的扩散作用,夹芯梁(板)不会发生局部变形[54]。另外,在采用高阶夹芯梁理论(HOSBT)分析的基础上,引入一个传播长度表征夹芯梁的柔度,相应地给出了局部压入发生的条件[55]。

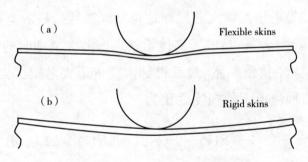

图 1-9　表皮对局部压入的影响[54]

(a)柔性表皮;(b)刚性表皮

Fig. 1-9　Effect of skins on localized indentation

(a)flexible skins;(b)rigid skins

Sokolinsky 等[56]在高阶理论的基础上提出了线性高阶理论,通过与经典夹芯梁理论、非线性高阶理论以及四点弯曲实验结果比较发现,弹性高阶理论可以很好地用于预测夹芯梁的结构响应。对于四点弯曲夹芯梁,高阶理论分析表明上下表皮的竖向位移在整个跨度里都随载荷线性变化,而水平位移在支承点附近就有明显的几何非线性,尤其是下表皮更突出。

Saadati 和 Sadighi [8]采用高阶夹芯梁理论(HOSBT)分析了夹芯梁三点弯曲响应,结果表明芯层内的面外位移和正应力沿厚度方向分别呈二次和线性分布,而面内位移沿厚度方向呈三次形式分布。

1.3.2 弹塑性响应分析

对夹芯结构非线性弯曲行为的理论研究,大体上有两种思路。一种方法是忽略局部压入变形,假定夹芯梁截面高度保持不变;另一种方法是考虑局部压入变形,但忽略彼此之间的影响,只是把整体弯曲挠度与局部压入深度之和作为压头总位移。

1.3.2.1 忽略局部压入变形

Gdoutos 等[57] 曾研究了夹芯梁三点弯曲非线性行为,没有考虑局部压入变形。首先采用经典夹芯梁理论得到线弹性阶段的弯曲响应,在此基础上利用 Conway 等[58] 关于实体梁三点弯曲大挠度时的挠度 w_2 与小挠度时的挠度 w_1 比值关系,最后得到大挠度下夹芯梁三点弯曲的挠度计算公式。两种情形下的挠度之比为

$$k = \frac{w_2}{w_1} = \frac{24}{\alpha^3} \big[F(k) - F(k,\theta) - 2E(k) + 2E(k,\theta) \big] \qquad (1-18)$$

其中, $F(k)$, $F(k,\theta)$ 和 $E(k)$, $E(k,\theta)$ 分别为第一类和第二类完全、部分椭圆积分。另外

$$\alpha^2 = \frac{PL^2}{EI}, \sin\theta = \left(1 + \frac{\alpha^2}{8}\right)^{-1/2} \qquad (1-19)$$

1.3.2.2 考虑局部压入变形

Fatt 等[9] 分析了在刚性面支承、两边固支、四边简支及固支时夹芯板横向加载响应。采用刚性-理想塑性基础上的板及膜模型分析局部压入变形,通过假定变形场,得到刚性面支承情形下的压入载荷与位移关系。而分析边缘支承整体变形时,忽略局部压入变形的影响。其中,两边固支时看作宽梁,表皮、芯层分别提供抗弯和剪切刚度。对于四边简支及固支的夹芯板,假定位移 W 及转角分布场具有下列形式

$$W(x,y) = \Delta f(x)f(y), \text{for} - a/2 \leqslant x \leqslant a/2, -a/2 \leqslant y \leqslant a/2$$

$$\bar{\alpha}(x,y) = \alpha_0 g(x)h(y), \text{for} - a/2 \leqslant x \leqslant a/2, -a/2 \leqslant y \leqslant a/2$$

$$\bar{\beta}(x,y) = \beta_0 h(x)g(y), \text{for} - a/2 \leqslant x \leqslant a/2, -a/2 \leqslant y \leqslant a/2$$

$$(1-20)$$

其中,Δ,α_0 和 β_0 为对应的形状函数幅值。夹芯板简支及固支时具体的形状函数分别由文献[59]和文献[60]近似拟合得到。

Steeves 等[61-62]研究了简支夹芯梁三点弯曲时的压入行为,如图 1-10 所示。

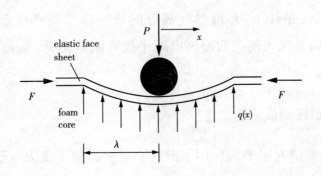

图 1-10 三点弯曲时夹芯梁局部压入示意图[61-62]

Fig. 1-10 Sketch diagram of local indentation of sandwich beams under three-point bending

表皮为弹性梁,芯层分别考虑刚性-理想塑性和弹性-理想塑性两种响应。与刚性面支承不同的是,三点弯曲时上表皮将受到压力 F,根据平衡方程易得

$$F = \frac{PL}{4d} \tag{1-21}$$

其中,L 为梁跨径,$d = c + h$,这里没有考虑因压入变形导致芯层厚度减小的影响。压入位移 u 的控制方程为

$$\frac{\mathrm{d}^4 u}{\mathrm{d}x^4} + \frac{F}{E_f I_f} \frac{\mathrm{d}^2 u}{\mathrm{d}x^2} = -\frac{q}{E_f I_f} \tag{1-22}$$

对于理想塑性及弹性芯层,支承应力 q 分别为 $\sigma_c b$ 和 ku ,k 为有限厚度的弹性基础反应模量。

Tagarielli 等[63] 采用类似方法分析了固支及简支夹芯梁跨中加载时的压入响应,同时还分析了引起夹芯梁失效的三种竞争机制:表皮微屈曲、芯层剪切和芯层压入。

Sadighi 等[64] 研究了夹芯梁的三点弯曲响应,同时考虑了夹芯梁的局部压入和整体弯曲两种变形。其中,压入响应分析选用 Zenkert 等[18] 的弹性-理想塑性模型,而整体弯曲行为忽略了局部压入的影响假定变形截面高度不变,分析时采用 Allen 经典夹芯梁理论。这里存在两个问题:一是在简支条件下,芯层弹性部分的反应模量是刚性面支承时的 2 倍[40];二是局部压入使梁截面高度减小抗弯刚度降低,从而影响整体弯曲性能。

1.3.3　刚塑性响应分析

Qin 等[65] 研究了平头作用下泡沫金属夹芯固支梁大变形弯曲行为,未考虑夹芯梁局部压入变形,如图 1-11 所示。在平截面假设的基础上,给出了弯矩和轴力共同作用时矩形夹芯截面的统一屈服准则

$$\begin{cases} |m| + \dfrac{(\bar{\sigma} + 2\bar{h})^2}{4\bar{\sigma}\bar{h}(1+\bar{h}) + \bar{\sigma}^2} n^2 = 1, 0 \leqslant |n| \leqslant \dfrac{\bar{\sigma}}{\bar{\sigma} + 2\bar{h}} \\ |m| + \dfrac{(\bar{\sigma} + 2\bar{h})\left[(\bar{\sigma} + 2\bar{h})|n| + 2\bar{h} - \bar{\sigma} + 2\right](|n| - 1)}{4\bar{h}(1+\bar{h}) + \bar{\sigma}} = 0, \end{cases} \quad (1-23)$$

$$\frac{\bar{\sigma}}{\bar{\sigma} + 2\bar{h}} \leqslant |n| \leqslant 1$$

$$\bar{\sigma} = \sigma_c / \sigma_0, \bar{h} = h/c \quad (1-24)$$

$$n = N/N_p, m = M/M_p \quad (1-25)$$

$$N_p = 2\sigma_0 bh + \sigma_c bc, M_p = \sigma_0 bh(c+h) + \frac{1}{4}\sigma_c bc^2 \quad (1-26)$$

当 $\bar{\sigma}=1$ 时,该屈服准则可以退化为单层实体截面的经典屈服
准则[66]

$$|m|+n^2=1 \qquad (1-27)$$

当 $\bar{\sigma}\ll1,\bar{h}\ll1$ 时,可以退化为表皮薄强、芯层厚弱夹芯截面的经典
屈服准则[66]

$$|m|+|n|=1 \qquad (1-28)$$

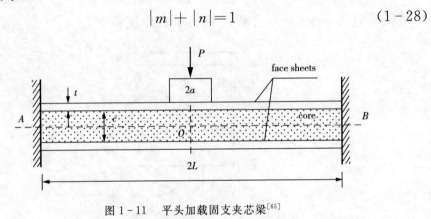

图 1-11 平头加载固支夹芯梁[65]

Fig. 1-11 A clamped sandwich beam loaded by a flat-end indenter

1.4 夹芯结构动态响应

1.4.1 低速冲击响应分析

夹芯结构低速冲击响应的分析主要采用弹簧质量模型,分别把冲击
压头和夹芯结构面板简化为质量块,冲击压头与面板之间的接触作用以
接触刚度和阻尼来描述,芯层对面板的支承作用分别考虑表皮弯曲、拉
伸引起的刚度及芯层压缩引起的阻尼。

1.4.1.1 弹性响应分析

Abrate 等[67]对夹芯结构局部冲击响应已有的研究做了详细综述,
认为理论模型应包括冲击压头的运动、结构的运动及接触响应。低速冲

击时可用两自由度弹簧质量模型进行分析,如图 1-12 所示。其中,M_1,M_2 分别为冲击压头质量和面板的等效质量;k_c 是非线性接触刚度,k_b 是弯曲刚度,k_s 是剪切刚度,k_m 是几何非线性的膜刚度。当接触力足够小时,k_c 是线性弹簧,几何非线性影响可以忽略($k_m = 0$)。另外,当冲击压头质量比结构等效质量大很多时后者可以忽略,此时三个弹簧 k_c、k_b 和 k_s 可以等效为一个,运动方程简化为单自由度系统。

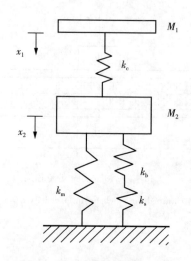

图 1-12　两自由度弹簧质量模型[67]

Fig. 1-12　Two DOF spring-mass model

1.4.1.2　弹塑性响应分析

Fatt 等[9-10] 采用等效单自由度及多自由度系统,把夹芯板看作具有等效质量、弹簧及阻尼的动力系统,如图 1-13 所示。其中,等效质量包括冲击压头的质量和夹芯结构中发生变形部分的有效质量,而有效弹簧刚度及阻尼采用静态分析得到的结果。

Sadighi 等[68] 采用单自由度(SDOF)模型,把 Zenkert 等[18] 得到的夹芯梁压入响应看作接触刚度,而把冲击压头看作单自由度的质量块,得到冲击压头的接触力、位移及速度随时间的变化特征。

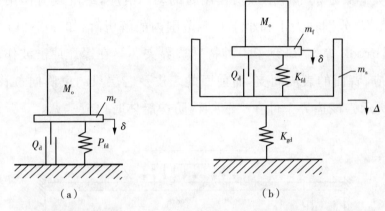

δ — top facesheet local displacement　　　Δ — global panel displacement
Q_d — dynamic core crushing resistance　　K_{fd} — top facesheet local stiffness(linearized)
P_{fd} — nonlinear spring response of top fcesheet　K_{gd} — global panel stiffness
M_o — projectile mass　　　　　　　　　　　m_s — effective mass of sandwich
m_f — effective mass of facesheet

图 1 - 13　动态冲击模型[9]

(a) 刚性面支承板；(b) 简支、固支板

Fig. 1 - 13　*Dynamic impact model*

(a) plates on a rigid surface；(b) simply supported and clamped plates

1.4.1.3　刚塑性响应分析

Qin 和 Wang[69] 研究了大质量块低速撞击时固支夹芯梁动态大挠度响应，结果表明，当撞击块与夹芯梁的质量比足够大时，动态响应将接近准静态。

1.4.2　爆炸载荷作用下的动态响应分析

由于夹芯结构具有良好的能量吸能性能，可以用于吸收爆炸载荷引起的巨大能量。爆炸载荷作用下的夹芯结构的力学响应已有大量的研究，现选出其中几个典型的研究结果简述如下：

Fleck 等[70] 发展了一个固支夹芯梁在空气及水下爆炸载荷作用下的分析模型，把结构响应可分为三个阶段：流、固作用阶段；芯层压缩阶段；板弯曲及拉伸阶段。Qiu 等[71-72] 将之拓展到夹芯圆板，并且还研究了固支夹芯梁在局部冲击载荷作用时的动态响应,给出载荷作用长度与梁跨比 a/L 分别在大于和小于 0.5 范围内的解析解,如图 1 - 14 所示。

Tilbrook 等[73]研究了一种特殊边界夹芯梁在爆炸冲击波作用下的动态响应,背面的表皮固支,而前面的表皮及芯层只约束侧向位移,如图 1 - 15 所示。该边界条件在夹芯结构防护船体时比较常见。

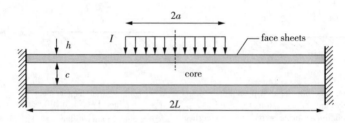

图 1 - 14　固支夹芯梁局部冲击加载图[72]

Fig. 1 - 14　Clamped sandwich beams impacted locally

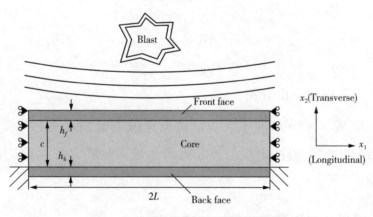

图 1 - 15　船体防护夹芯结构分析图[73]

Fig. 1 - 15　Schematic of sandwich constructions to protect hull

Qin 等采用膜因子法(membrane factor method)得到爆炸载荷作用下固支夹芯梁的动态响应理论解。在局部载荷作用下,芯层厚度将减小[74]。另外,Qin 等人采用能量守恒原理得到变厚度截面夹芯梁的膜因子,并进一步得到局部冲击载荷作用下的夹芯梁大挠度动态响应规律[75]。

Zhu 等[76]采用能量耗散率平衡法分析了四周固支的夹芯方板在保

证载荷作用下动态响应,得到结构最终的变形形式和位移响应历史;另外还发现,位移-时间关系与半径为方板边长一半的圆板的表达式[71]相同。

1.5　夹芯结构其他行为研究

夹芯结构是一种常用的工程结构,在承载过程中可能受到各式各样的载荷作用。除了上述几种较为常见的承载形式外,夹芯结构还有可能发生屈曲和振动。

1.5.1　夹芯梁屈曲响应

Frostig 等[77] 还研究了轴向受压简支夹芯梁的屈曲响应,如图 1-16所示;在考虑芯层的弯曲刚度和剪切刚度的基础上,根据高阶理论及变分原理推出一般控制方程。结果表明,当芯层刚度较小时将发生局部屈曲模式,两层表皮各自独立发生屈曲行为,从而形成关于梁中面对称的屈曲模式,表皮可看作弹性基础上梁的屈曲行为。而当芯层刚度很大时发生整体上的反对称屈曲模式,并由扰动法得到相应的屈曲方程。

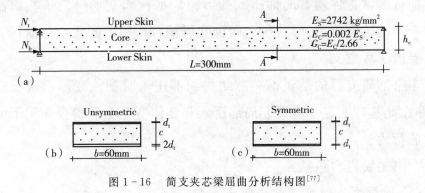

图 1-16　简支夹芯梁屈曲分析结构图[77]

Fig. 1-16　Buckling of simply supported sandwich beams

1.5.2　夹芯结构振动响应

Frostig 等研究了夹芯板的自由振动行为,根据哈密顿原理得到运动控制方程以及相应的边界条件。求解时用到两种方法,一种是常规的高阶夹芯板理论(HSAPT),另一种采用多项式描述芯层竖向、横向位移随深度的分布[78]。另外,Frostig 等还采用类似方法,分析了芯层为温度敏感材料时提高温度芯层材料性能下降引起的作用[79-80]。

Sokolinsky 等[81]采用高阶理论研究了芯层具有局部损伤的夹芯梁的振动特点,发现局部损伤将使夹芯梁的固有频率和相应的振动模式发生明显改变。因此,可以通过测量夹芯梁的振动特征预估损伤状况。

1.6　研究目的及主要内容

轻质夹芯结构作为缓冲吸能结构时,一般重点考虑结构产生较大塑性变形时的力学行为。对于刚性面支承时的局部压入响应,已有的研究都只关注表皮的弹性行为,而对表皮塑性响应的研究至今尚无。另外,夹芯结构的表皮一般较薄芯层强度较低,在集中载荷作用下,夹芯结构的弯曲行为常常伴随有局部压入变形。局部压入变形降低了截面高度以及结构的抗弯能力,因此研究两种变形耦合作用下的复杂弯曲行为有着重要的工程意义。

本书的研究目的是获得夹芯结构局部压入时塑性变形承载吸能特点,并在此基础上进一步研究局部压入和整体弯曲变形耦合作用下的复杂弯曲行为。

本书主要内容包括:

(1) 刚性面支承夹芯梁局部压入响应

本书分别考虑了两种典型形状的压头即平头及圆柱对夹芯梁的局

部压入作用。假定表皮变形区具有一个线性速度场,根据虚速度原理和最小功原理,最后得到表皮变形场分布特点和压头载荷随压入位移的变化关系,并与有限元计算结果进行了比较分析。得到的理论解简洁、有效、自洽,当压头尺寸趋向于零(相当于线载荷)时两种压头作用下的理论解可以退化为同一结果。进一步根据已得到的理论解,分析了结构表皮及芯层耗散塑性应变能的特点。

(2) 刚性面支承夹芯圆板局部压入响应

本书分别考虑了平头及球头两种形状压头的作用。首先沿用前面夹芯梁局部压入响应的研究方法,根据虚速度原理及最小功原理进行理论分析。结果发现,平头作用下的理论结果与有限元值偏差较大,而球头作用下的理论模型存在不自洽的问题。另外,点载荷作用下的压头载荷只与表皮的厚度及流动应力有关,而与芯层强度无关。

由于上述理论模型存在难以解决的问题,改为采用最小势能原理进行分析。假定表皮变形区具有一个二次曲线形式的位移场,根据最小功原理,得到变形区范围和压头载荷随压入位移的变化关系,并与有限元计算结果进行了比较分析。该模型也存在一个问题,虽然当压头尺寸趋向于零时可以退化为同一结果,但无法通过该结果求解得到点载荷作用时的结构响应。最后根据平头及球头作用下的理论解,分析了两种情况下结构不同部位能量耗散的特点。

(3) 两端固支夹芯梁弯曲行为

根据本书已经得到的夹芯梁局部压入响应,结合弯矩轴力共同作用时的夹芯梁屈服准则,同时通过对夹芯梁整体弯曲时的变形及受力分析,最后得到存在局部压入变形时固支夹芯梁的复杂弯曲行为。为简化理论模型,忽略整体弯曲变形对局部压入响应的影响,只考虑了后者对前者的作用。经过理论分析,得到局部压入深度和压头载荷随压头总位移之间的变化关系。另外,通过与有限元计算结果的比较,分析了夹芯结构与实体结构弯曲变形的差别。

　　需要说明的是,本书的研究均未考虑夹芯结构的失效情形。事实上,普通夹芯结构易于发生多种不同的失效模式[82-86],主要包括:表皮与芯层的脱离,表皮压缩屈曲及褶皱,芯层剪切失效,芯层局部冲切及水平压缩,表皮拉伸断裂,以及夹芯板整体屈曲。

第2章　　刚性面支承夹芯梁局部压入行为

2.1　引　言

在工程应用中,夹芯结构多数以板的形式工作。夹芯梁虽然直接应用不多,但对夹芯梁的研究有助于揭示夹芯结构的承载吸能机理。

相对于夹芯梁长度,局部压入变形区域一般较小,因此夹芯梁长度可看作无穷大,端部边界可看作固支。当结构用于缓冲吸能时,一般要求表皮较薄芯层较厚。在经受较大的横向位移时,表皮弯曲变形作用较小,膜力起主导作用。另外,在研究结构的缓冲吸能特性时,结构的弹性响应一般不予考虑,主要考虑塑性变形对能量的耗散作用。

在压入加载时,压头形状及尺寸势必对结构响应产生一定的影响。对于夹芯梁,最典型的压头形状为平头及圆柱。在表皮较薄膜力为主时,压头尺寸的影响不容忽视。

在建立理论模型时,为使理论结构简单合理,一种常用的方法是首先假设一个简单的速度场或位移场,并根据能量关系求解,这在许多研究工作中有过大量而成功的使用。当然,假设是否有效需要采用其他方式对得到的结果进行验证。

本章基于上述思想,研究了夹芯梁在局部压入时的承载吸能性能。

首先假设表皮的变形区具有一个线性速度场，根据虚速度及最小功原理，最后得到压头载荷及表皮变形区的变形场。模型中分别考虑了平头及圆柱两种形状的压头。为验证理论结果的有效性，采用 ABAQUS 有限元软件对理论模型进行了模拟，两种方法得到的结果吻合较好。最后，根据得到的理论结果，进一步计算分析了结构的能量耗散特点。

2.2　局部压入模型

通常情况下，柔性芯层夹芯梁局部压入变形非常复杂。我们只考虑局部压入而不考虑整体弯曲。对于二维梁结构，典型的压头有两种，平头和圆柱头，如图 2-1 所示。因为考虑的是局部压入变形，梁的长度比变形区域大得多，梁长可视为无限大。夹芯梁宽度为 b，表皮和芯层厚度分别为 h 和 c。压头位移记为 δ，外面的变形区为 $w(x)$，x 是长度方向的坐标。变形区长度记为 2ξ，随压入深度的增大而增大，由后面的分析确定。为简单起见，平头压头的宽度和圆柱压头的直径都记为 $2R$，因为属于不同工况，两者之间没有量值关系。另外，圆柱压头与表皮的接触区域记为 $2a$，随压入深度变化。

在这里，我们关注的是结构塑性应变能的耗散性能，因此分析模型中忽略材料的弹性响应。另外，考虑到实际应用时夹芯结构的端部都以固支为主，同时发生变形的区域与结构的总长相比很小，因此上表皮可以看作是刚性-塑性基础上的无限长、理想塑性薄梁。其中，表皮材料的流动应力记为 σ_0，而芯层材料的压缩应力以 σ_c 表示。

分析时采用虚速度原理，首先分别计算出外力功的功率 $\dot{W}_{ext}$ 和内能耗散率 $\dot{W}_{int}$，并由能量平衡关系可知二者相等，即

$$\dot{W}_{ext} = \dot{W}_{int} \tag{2-1}$$

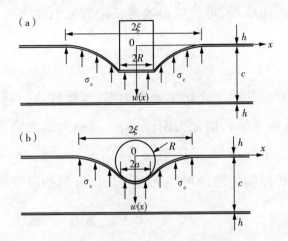

图 2-1 夹芯梁局部压入变形图

(a) 平头作用下;(b) 圆柱作用下

Fig. 2-1 Schematic profile of the deforming zone

(a)under a flat indenter and (b)under a cylindrical indenter

做功的外力只有压头载荷,因此外力功的功率应等于压头载荷与压头速率的乘积

$$\dot{W}_{\text{ext}} = P\dot{\delta} \qquad (2-2)$$

其中,P 为压头与上表皮之间的接触载荷,$\dot{\delta}$ 为压头速率。

2.2.1 平头作用时

平头作用下的夹芯梁局部压入变形如图 2-1(a) 所示。由于对称性,可取结构的一半进行分析。首先假设压头与下方的表皮始终保持紧密接触,则压头接触区的表皮速率将与压头速率始终相同。另外,假设接触区以外的表皮变形区的速度场沿长度方向为线性分布。总之,上表皮变形区的速度场分布为

$$\dot{w}(x,t) = \begin{cases} \dot{\delta}, & 0 \leqslant x \leqslant R \\ \dot{\delta}\left(1 - \dfrac{x-R}{\xi-R}\right), & R \leqslant x \leqslant \xi \end{cases} \qquad (2-3)$$

根据上面的速度场，可计算得表皮长度方向的曲率变化率为

$$\dot{\kappa}_x = -\frac{\partial^2 \dot{w}}{\partial x^2} = 0 \qquad (2-4)$$

表皮长度方向的曲率变化率始终为零，因此弯曲引起的塑性耗散能可以忽略，于是整个结构简化为刚性-塑性基础上的无限长、理想塑性薄膜。因芯层的支承作用，变形区塑性膜的中线为曲线而非直线。进一步根据中等挠度变形膜的理论可得上表皮长度方向的应变率 $\dot{\epsilon}_x$ 为

$$\dot{\epsilon}_x = \frac{\mathrm{d}w}{\mathrm{d}x}\frac{\mathrm{d}\dot{w}}{\mathrm{d}x} \qquad (2-5)$$

因表皮较薄，而变形较大，表皮将很快进入全塑性，由此上表皮膜力引起的塑性应变能耗散率可按下式计算

$$\dot{W}_1 = \int_A N_0 \dot{\epsilon}_x \mathrm{d}A = 2\int_0^\xi N_0 \dot{\epsilon}_x b\,\mathrm{d}x = \frac{2N_0 b\delta\dot{\delta}}{\xi - R} \qquad (2-6)$$

其中，$N_0 = \sigma_0 h$，为单位宽度的表皮材料全塑性膜力。计算式（2-6）时，不需要用到位移关于长度坐标 x 的具体表达式，只需用到变形区的位移边界条件。考虑到结构的对称性，计算结果放大了 2 倍。

芯层材料看作理想塑性材料，具有不变的压缩应力 σ_c，由此芯层压缩变形引起的能量耗散率只与芯层的体积压缩变化率有关，可按下式计算

$$\dot{W}_2 = \int_V \sigma_c \mathrm{d}\dot{V} = 2\int_0^\xi \sigma_c \dot{w}\cdot b\,\mathrm{d}x = \sigma_c b(\xi + R)\dot{\delta} \qquad (2-7)$$

整个结构的内能耗散率主要来自上表皮的拉伸变形和芯层的压缩变形，由式（2-6）和式（2-7）可得总内能耗散率为

$$\dot{W}_{\mathrm{int}} = \dot{W}_1 + \dot{W}_2 = \frac{2N_0 b\delta\dot{\delta}}{\xi - R} + \sigma_p b(\xi + R)\dot{\delta} \qquad (2-8)$$

再把外力功率表达式（2-2）和总内能耗散率计算式（2-8）代入能

量平衡方程(2-1),可得外力功率与内能耗散率之间平衡方程的另一种形式

$$P\dot{\delta} = \frac{2N_0 b\delta\dot{\delta}}{\xi - R} + \sigma_c b(\xi + R)\dot{\delta} \qquad (2-9)$$

(2-9)式两边含有相同项压头速率$\dot{\delta}$,消去后即可得到接触载荷与压头位移δ及变形区范围ξ之间的关系式

$$P = \frac{2N_0 b\delta}{\xi - R} + \sigma_c b(\xi + R) \qquad (2-10)$$

接触载荷P的表达式(2-10)中含有两个变量,变形区特征长度ξ和压头位移δ。在加载过程中压头位移δ为自变量,而变形区特征长度ξ为随机变量,将随δ变化而变化。为得到ξ随δ变化的关系式,可以采用最小功原理[20],要求变形区特征长度ξ满足在给定压入位移时使载荷取得最小值的条件,即$\partial P/\partial\xi = 0$,通过计算整理得

$$\xi = R + \left(\frac{2N_0}{\sigma_c}\delta\right)^{1/2} \qquad (2-11)$$

把ξ与δ的关系式(2-12)代入压头载荷表达式(2-10),可得到压头载荷随压头位移δ变化的关系式

$$P = 2\sigma_c Rb + 2b(2N_0\sigma_c\delta)^{1/2} \qquad (2-12)$$

由式(2-12)可以看出,压头载荷由两部分组成,一部分是常数,与压头的尺寸有关,另一部分与压头位移的平方根成正比。

在创建理论模型时,我们曾假设表皮变形区具有一个线性速度场。由速度场对时间进行积分,同时结合已经得到的变形区范围ξ与压头位移δ的关系式(2-11),就可以得到变形区的位移场分布。因变形区特征长度ξ也随时间变化,为计算方便可以把时间表示为ξ的函数,由此位移场计算变为

$$w(x,t(\xi)) = \int_{t(x)}^{t(\xi)} \dot{w}(x,t)\,dt = \int_{t(x)}^{t(\xi)} \dot{\delta}\left(1 - \frac{x-R}{\xi-R}\right)dt \qquad (2-13)$$

其中,$t(x)$ 为变形区范围 ξ 达到 x 处的时间。需要说明的是,只有在变形区范围 ξ 到达 x 点时,该点才开始产生横向位移,在此之前一直为零,因此时间变量的下限是 $t(x)$。方程(2-13)中含有压头速度 $\dot{\delta}$,由压头位移与速度的关系式 $\mathrm{d}\delta = \dot{\delta}\mathrm{d}t$,以及变形区范围 ξ 与压头位移 δ 的关系式(2-11),可以对位移场计算式(2-13)经过两次积分变量变换,即由 t 变为 δ 进一步变为 ξ,同时为简洁直观采用压头位移 δ 进行归一化,最后得到如下形式的位移场

$$w(x,\xi) = \frac{\sigma_c}{N_0} \int_x^\xi (\xi - x) \, \mathrm{d}\xi = \frac{\sigma_c}{2N_0} (\xi - x)^2 = \delta \left(1 - \frac{x - R}{\xi - R} \right)^2 \quad (2-14)$$

由式(2-14)可以发现,接触区以外的表皮变形区的形状函数是长度坐标 x 的二次曲线,同时满足两端的位移边界条件。

根据前面的分析,在压头压入过程中,内能耗散主要来自表皮的拉伸和芯层的压缩两部分塑性变形。分别把表皮拉伸和芯层压缩引起的能量耗散率计算式即式(2-6)和式(2-7)对时间求积分,即可得到这两部分耗散的塑性应变能

$$W_1 = \int_0^t \dot{W}_1 \mathrm{d}t = \int_0^\delta \frac{2N_0 b\delta}{\xi - R} \mathrm{d}\delta = \frac{2b}{3} (2N_0 \sigma_c \delta^3)^{1/2} \quad (2-15)$$

$$W_2 = \int_0^t \dot{W}_2 \mathrm{d}t = \int_0^\delta \sigma_c b(\xi + R) \, \mathrm{d}\delta = 2\sigma_c bR\delta + \frac{2b}{3} (2N_0 \sigma_c \delta^3)^{1/2} \quad (2-16)$$

为比较芯层压缩及表皮拉伸两种变形对能量耗散所起的贡献大小,把二者的比值定义为参数 α_p,即

$$\alpha_p = \frac{W_2}{W_1} = 1 + 3 \left(\frac{\sigma_c R^2}{2N_0 \delta} \right)^{1/2} \quad (2-17)$$

从式(2-17)可以看出,能量比 α_p 随压入深度的增加而逐渐减小,但始终大于1。由此说明,芯层压缩引起的塑性能始终大于表皮拉伸耗散的能量,但随着压入深度的增大二者逐渐接近。

2.2.2 圆柱压头作用时

因结构的对称性,只取一半结构进行分析,计算时有关量放大 1 倍。在圆柱压头作用下,接触区范围 $2a$ 随着压入深度的增大而增加。在接触区范围内表皮始终与压头接触,因此二者形状相同且都是圆形。当接触范围 $2a$ 比压头直径小得多时,圆形可近似为抛物线,即

$$w(x,t) = \delta - (R - \sqrt{R^2 - x^2}) \approx \delta - \frac{x^2}{2R}, \quad 0 \leqslant x \leqslant a \quad (2-18)$$

与平头压入时一样,接触区范围内的表皮速度始终等于压头速度 $\dot{\delta}$,而接触区以外的表皮变形区假设具有一个线性速度场,即

$$\dot{w}(x,t) = \begin{cases} \dot{\delta}, & 0 \leqslant x \leqslant a \\ \dot{\delta}\left(1 - \dfrac{x-a}{\xi-a}\right), & a \leqslant x \leqslant \xi \end{cases} \quad (2-19)$$

采用类似于上面平头压入的推导过程,可分别求得表皮拉伸与芯层压缩两部分的能量耗散率 $\dot{W}_1$ 和 $\dot{W}_2$

$$\dot{W}_1 = \frac{2N_0 b \dot{\delta}}{\xi - a}\left(\delta - \frac{a^2}{2R}\right) \quad (2-20)$$

$$\dot{W}_2 = \sigma_c b(\xi + a)\dot{\delta} \quad (2-21)$$

将式(2-20)、式(2-21)与平头作用下的结果即式(2-6)、式(2-7)比较后可以发现,在两种压头作用下芯层压缩引起的塑性应变能耗散率表达式形式相同,而表皮拉伸变形引起的耗散率的差别主要来自位移边界条件的不同。另外,平头作用下接触区范围 R 是已知量,而圆柱作用下的接触区范围 a 为未知量。进一步根据能量平衡关系,经计算整理后可得圆柱压头作用下的压头载荷表达式

$$P = \frac{2N_0 b}{\xi - a}\left(\delta - \frac{a^2}{2R}\right) + \sigma_c b(\xi + a) \quad (2-22)$$

与平头压入时相比,这里多出了一个未知量即接触区范围 a。同样

根据最小功原理,为使压头载荷取得最小量,载荷对 a 和 ξ 的偏导数都要等于零,即

$$\partial P/\partial \xi = 0, \partial P/\partial a = 0 \qquad (2-23)$$

上式联立求解整理后,得到接触区范围 a 及表皮变形区范围 ξ 随压头位移 δ 的变化关系式

$$\begin{cases} a = \left(\dfrac{2\sigma_c R^2}{N_0 + \sigma_c R}\delta \right)^{1/2}, \\ \xi = \left(\dfrac{2(N_0 + \sigma_c R)}{\sigma_c}\delta \right)^{1/2} \end{cases} \qquad (2-24)$$

结果表明,接触区范围 a 及表皮变形区范围 ξ 都与压头位移 δ 的平方根成正比。进一步把方程(2-24)的关系式代回压头载荷计算式(2-22),最后得到压头载荷随压头位移 δ 变化的关系式

$$P = 2b\left[2(N_0 + \sigma_c R)\sigma_c \delta \right]^{1/2} \qquad (2-25)$$

同样,由速度场对时间积分可求得表皮变形区的位移场。需要注意的是,因接触区范围 a 及表皮变形区范围 ξ 都随压头位移 δ 变化,在积分时需要根据三者之间的关系以及积分过程的需要进行变量变换。另外,为使位移场更加简洁直观采用位移边界条件进行了归一化,最后得到如下形式的位移场

$$w(x,\xi) = \left(\delta - \frac{a^2}{2R} \right)\left(1 - \frac{x-a}{\xi - a} \right)^2, \quad a \leqslant x \leqslant \xi \qquad (2-26)$$

比较平头及圆柱作用下的结果式(2-14)、式(2-26)可以发现,压头接触区以外的表皮变形区位移场完全相同。两者之间的差别只在于接触区边界位移,平头作用下的边界位移始终等于压头位移 δ,而圆柱作用下的边界位移比压头位移小 $a^2/(2R)$。

进一步根据上面得到能量耗散率计算式即式(2-20)、式(2-21)以及接触区范围 a 及表皮变形区范围 ξ 随压头位移 δ 的变化关系式(2-

24),可同样求得表皮拉伸及芯层压缩变形引起的塑性耗散能 W_1、W_2 及其比值 α_y

$$W_1 = \int_0^\delta \frac{2N_0 b}{\xi - a}\left(\delta - \frac{a^2}{2R}\right)\mathrm{d}\delta = \frac{2N_0 b}{3}\left(\frac{2\sigma_c}{N_0 + \sigma_c R}\delta^3\right)^{1/2} \quad (2-27)$$

$$W_2 = \int_0^\delta \sigma_c b(\xi + a)\,\mathrm{d}\delta = \frac{2N_0 b}{3}\left(1 + \frac{2\sigma_c R}{N_0}\right)\left(\frac{2\sigma_c}{N_0 + \sigma_c R}\delta^3\right)^{1/2} \quad (2-28)$$

$$\alpha_y = \frac{W_2}{W_1} = 1 + \frac{2\sigma_c R}{N_0} \quad (2-29)$$

可以发现,与平头压入时的结果式(2-17)类似,圆柱作用下的能量比 α_y 同样始终大于1。不同的是,圆柱作用下 α_y 保持为常量而平头时随压入深度增大而减小。

2.2.3　线载荷作用时

在某些情况下,当压头尺寸与结构其他尺寸相比很小时,压头载荷可简化为"线载荷"。相应地,把平头压头宽度和圆柱压头直径 $2R$ 都趋向于零时,两种载荷作用下的理论解即退化为线载荷作用下的结果。经过简单的计算发现,两种情况下的理论解都将退化为如下形式的相同结果

$$\xi = \left(\frac{2N_0}{\sigma_c}\delta\right)^{1/2} \quad (2-30)$$

$$P = 2b\,(2N_0 \sigma_c \delta)^{1/2} \quad (2-31)$$

$$w(x,\xi) = \delta\left(1 - \frac{x}{\xi}\right)^2, \quad 0 \leqslant x \leqslant \xi \quad (2-32)$$

说明两种压头作用下的理论模型是自洽的。

2.3　参数无量纲化

为进一步获悉各个几何、材料参数对压入响应的影响特点,找出其中的关键参数,下面把理论计算结果改写成无量纲形式,首先引入一个

无量纲参数 φ

$$\varphi = \frac{\sigma_c R}{\sigma_0 h} \tag{2-33}$$

参数 φ 与夹芯结构抗局部压入性能有关,由于芯层的压缩应力一般都很小,因此 φ 值也很小。其他无量纲参数分别按下式定义

$$\overline{w} = \frac{x}{R}, \quad \overline{\xi} = \frac{\xi}{R}, \quad \overline{a} = \frac{a}{R}, \quad \overline{w} = \frac{w}{R}, \quad \overline{\delta} = \frac{\delta}{R} \tag{2-34}$$

$$\overline{P} = \frac{P}{\sigma_0 bh} \tag{2-35}$$

其中,长度以压头尺寸 R 作为基本量,而载荷采用表皮横截面全塑性轴力 $\sigma_0 bh$ 进行无量纲化。这样,平头压头作用时压入响应的理论结果变为如下形式

$$\overline{\xi} = 1 + \left(\frac{2}{\varphi}\overline{\delta}\right)^{1/2} \tag{2-36}$$

$$\overline{P} = 2\varphi + 2(2\varphi\overline{\delta})^{1/2} \tag{2-37}$$

$$\overline{w} = \overline{\delta}\left(1 - \frac{\overline{w}-1}{\overline{\xi}-1}\right)^2, \quad 1 \leqslant \overline{w} \leqslant \overline{\xi} \tag{2-38}$$

$$\alpha = 1 + 3\left(\frac{\varphi}{2\overline{\delta}}\right)^{1/2} \tag{2-39}$$

而圆柱压头作用时压入响应的理论结果相应变为

$$\overline{\xi} = \left[2\left(1 + \frac{1}{\varphi}\right)\overline{\delta}\right]^{1/2} \tag{2-40}$$

$$\overline{a} = \left(\frac{2\varphi}{1+\varphi}\overline{\delta}\right)^{1/2} \tag{2-41}$$

$$\overline{P} = 2[2\varphi(1+\varphi)\overline{\delta}]^{1/2} \tag{2-42}$$

$$\overline{w} = \left(\overline{\delta} - \frac{\overline{a}^2}{2}\right)\left(1 - \frac{\overline{w} - \overline{a}}{\overline{\xi} - \overline{a}}\right)^2, \overline{a} \leqslant \overline{w} \leqslant \overline{\xi} \qquad (2-43)$$

$$\alpha = 1 + 2\varphi \qquad (2-44)$$

从上面无量纲的理论结果可以看出,φ是关键参数,对夹芯结构的压入响应特点有着重要的决定作用;几何参数、材料参数通过影响φ值进而影响结构响应。

2.4　有限元模拟

为验证上面理论模型的有效性,采用 ABAQUS/Explicit 软件建立有限元模型进行比较分析。ABAQUS 软件是世界上最先进的大型通用有限元分析软件之一,具有强大的建模、分析功能。主要包括三个模块:ABAQUS/CAE,ABAQUS/Standard 和 ABAQUS/Explicit。 其中,ABAQUS/CAE 模块提供了快速交互式的前后处理环境,为建模、分析、监测和控制及结果评估提供完整界面;ABAQUS/Standard 模块是一个通用分析模块,能够求解广泛的线性和非线性问题,包括结构的静态、动态、热和电响应等,对于通常同时发生作用的几何、材料和接触非线性采用自动控制技术处理;ABAQUS/Explicit 模块利用对事件变化的显示积分求解动态有限元方程,因轻质夹芯结构的芯层一般采用多孔可压缩材料,选用 ABAQUS/Explicit 模块计算可以克服收敛性问题。

有限元模型与理论模型一样,夹芯梁放在刚性面上,梁端单元所有自由度完全约束。由于对称性,有限元分析只取了 1/2 模型,跨中截面采用对称边界条件。因理论模型中未考虑压头的变形,在有限元模型中设为解析刚体。夹芯梁表皮一般较薄故采用 4 节点壳单元(S4R) 模拟,而芯层采用 8 节点实体单元(C3D8R) 模拟。有限元网格由夹芯梁端部向跨中逐渐加密。表皮与芯层之间的设为完全接触(Tie),无相对运动发生。为减少计算时间,压头竖向加载速度设为较大的1m/s,其他自由度完全约束。实验研究[87-88]表明,夹芯结构准静态压入与低速冲击响应基本是等效的。另外,最近的研究[83-89]还表明,夹芯结构发生损伤时的最大冲击力只比静态载荷略微高些。其原因一方面是低速冲击下材料的应变率效应不明显,另一方面,轻质夹芯结构的质量一般与质量块相比很小,结构的惯性效应也可忽略。

表皮材料的力学性质采用Cr18Ni8不锈钢数据,弹性模量$E=200GPa$,泊松比$\upsilon=0.3$,工程应力应变数据详见表2-1[90]。流动应力$\sigma_0=602.5MPa$,取为屈服应力和最大应力的平均值。

Tab. 2-1 Strain hardening data for stainless steel Cr18Ni8

表2-1 Cr18Ni8不锈钢应变强化数据[90]

Plastic strain (%)	EngineeringStress (MPa)	Plastic modulus (MPa)
0.0	507	1562.5
4.8	570	1041.6
9.8	620	729.2
14.8	655	416.7
19.8	675	208.3
24.8	685	104.2
29.8	698	20.83

泡沫金属是一种典型的低密度可压缩材料,具有优良的力学性能,如高比刚度、比强度,抗腐蚀,可回收,近乎各项同性[91],可由多种金属合金如铝、铁、镍等经过发泡形成[92]。因此,有限元模型中的芯层材料采用典型泡沫金属的材料数据,并选用Crushable Foam材料模型模拟其塑性行为。

泡沫金属具有一个重要的力学特点:在经历短暂的弹性阶段后进入一个长长的平台阶段,应力(一般称为平台应力)基本保持不变,而应变持续增加,直到被逐渐压实,如图 2-2 所示。

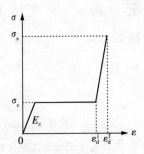

图 2-2　泡沫金属材料典型单轴压缩性能曲线

Fig. 2-2　Uniaxial compressive characteristic of foam material

图 2-2 中,E_c,σ_c 分别为泡沫金属的弹性模量和平台应力,夹芯梁芯层的压缩强度即为泡沫金属的平台应力。ε_d^i,ε_d^f 分别定义为初始压实和完全压实应变,而 σ_s 为基体材料(制作泡沫的原材料)的流动应力。在有限元模型中,ε_d^i,ε_d^f 需要转化为对数应变。大量的研究表明,泡沫金属的力学性能主要由基体材料的性能和泡沫的相对密度决定。具体的近似关系式有很多研究结果,本书从中选出如下一组

$$E_c = E_s \left(\rho_c / \rho_s\right)^2 \tag{2-45}$$

$$\sigma_c = \sigma_s \left(\rho_c / \rho_s\right)^{3/2} \tag{2-46}$$

$$\varepsilon_d^i = 1 - 1.4(\rho_c / \rho_s) \tag{2-47}$$

$$\varepsilon_d^f = 1 - \rho_c / \rho_s \tag{2-48}$$

其中,E_s 为泡沫基体材料的弹性模量,而 ρ_c,ρ_s 分别为泡沫及其基体材料的密度,二者之比即为相对密度。上面四个表达式中,弹性模量计算式(2-45)和压实应变计算式(2-47)和式(2-48)取自文献[3],而平台应

力计算式(2-46)取自文献[93]。基体材料的弹性模量和流动应力分别取为 $E_s = 94.1\text{GPa}, \sigma_s = 111.4\text{MPa}^{[90]}$。

在理论模型中,没有考虑夹芯梁长度和厚度的影响,实际上是把芯层看作半无限体。有限元分析时,夹芯梁的长度和厚度分别设为200mm和25mm,其他参数如表2-2所示,共模拟了四种工况。因前面的理论解已经说明 φ 是关键参数,故把每一种工况对应的 φ 值也计算出来列于表中。

Tab. 2-2 Parameter values of cases selected for the comparison

表2-2 有限元计算工况参数

	ρ_c/ρ_s	h/mm	R/mm	σ_c/MPa	φ
Case1	0.05	2	5	1.245	0.0052
Case2	0.1	2	5	3.523	0.0146
Case3	0.1	2	10	3.523	0.0292
Case4	0.1	1	10	3.523	0.0584

2.5　结果及讨论

2.5.1　表皮位移场分布

表皮变形区线性速度场的假设是本章理论分析的基础,并直接决定着理论模型的可操作性及理论结果的有效性,在此基础上得到位移场分布。速度场一般难以直观比较,可以通过比较两种不同方式得到的位移场来验证理论模型的有效性。图2-3和图2-4分别给出了 $\varphi = 0.0292$ 时平头和圆柱作用时的表皮变形图,每个图都给出了无量纲压头位移 $\bar{\delta}$ 为0.5和1.0的两种情形。通过比较可以看出,除了一些小的细节,理论预测的变形图与有限元模拟的结果吻合得很好。其中,在平头作用下,有限元计算结果表明,压头正下方的表皮将会与压头分离,理论模型中未考虑这种情形。而在圆柱压头作用下,两种结果只在接触区附近有少许差别。

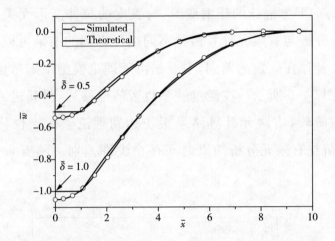

图 2 - 3 平头作用下变形区位移场分布 $\varphi = 0.0292$

Fig. 2 - 3 Distribution of deformation for $\varphi = 0.0292$ under a flat indenter

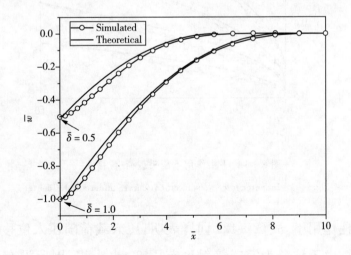

图 2 - 4 圆柱作用下变形区位移场分布 $\varphi = 0.0292$

Fig. 2 - 4 Distribution of deformation for $\varphi = 0.0292$ under a cylindrical indenter

2.5.2　压头载荷

在平头作用下,无量纲的压入载荷计算式(2-37)表明,在位移为零时有一个初始值 2φ,之后随压入位移的平方根成线性增大。该初始值 2φ 来自压头正下方泡沫的压缩变形,与表皮的拉伸变形无关。另外,通过比较理论分析与有限元计算两种不同途径得到的结果可以发现,当位移较小时二者存在一定的差别,主要是由于理论模型中未考虑材料的弹性响应,如图 2-5 所示。在经过一个短暂的位移后,材料进入塑性变形为主的响应阶段,有限元计算结果很快达到理论值。当位移继续增大时,理论载荷与有限元分析结果之间存在少许差别。随着 φ 值增大,差别逐渐减小。

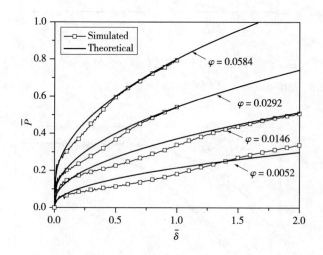

图 2-5　平头作用下压头载荷-位移曲线

Fig. 2-5　Indenter force - displacement curves under a flat indenter

在圆柱作用下,式(2-42)同样表明,压入载荷随压入位移的平方根线性变化。由于位移为零时接触区范围 $2a$ 也为零,因此没有初始值。在后续的中等压入位移阶段,与平头作用时具有相似的规律,如图 2-6

所示。

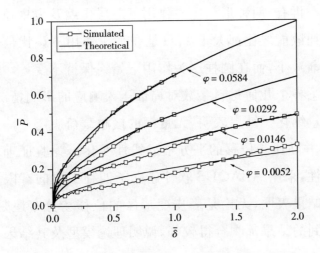

图 2 - 6　圆柱压头作用下压头载荷-位移曲线

Fig. 2 - 6　Indenter force - displacement curves under a cylindrical indenter

2.6　本章小结

　　本章研究了平头和圆柱形两种形状压头作用下的夹芯梁局部压入响应。材料的弹性响应忽略不计,结构简化为刚性-理想塑性基础上的无限长、理想塑性膜。分析时,假设压头接触区以外的表皮变形区具有一个线性速度场,在此基础上根据虚速度及最小功原理,得到表皮变形区的位移场分布规律和压头接触载荷的简洁显示解。进一步根据理论解计算分析了表皮和芯层在结构能量耗散中的贡献。当压头尺寸趋向于零时,两种压头作用下的结果可退化为同一结果,说明理论解是自洽的,另外还说明夹芯梁的局部压入响应对压头形状的变化不敏感。

　　比较两种形状压头作用下的结果发现,接触区以外的表皮变形区位移场从跨中开始沿梁长度方向都按二次曲线分布。另外,压头载荷都随压头位移的平方根线性增长,二者的差别在于当位移为零时平头作用下有个初始值。再有,两种形状压头作用下芯层压缩及表皮拉伸两种变形引起的塑性耗散能之比都大于 1,只是在平头作用下该比值随着压头位移的增大逐渐减小,而在圆柱压头作用下始终保持不变。

为了获悉各个几何材料参数对局部压入响应的影响情况,对理论结果进行了无量纲化。结果表明,无量纲的接触载荷决定于一个无量纲的特征参数 φ,并随压头位移的平方根成线性变化。为验证理论模型的有效性和适用性,采用 ABAQUS 软件建立了四种工况的有限元模型进行比较分析。结果表明,无论是表皮变形区的位移场分布还是压头载荷,两种方法得到的结果都吻合得较好,说明理论模型及其结果具有良好的有效性。

第3章 刚性面支承夹芯圆板局部压入行为

3.1 引 言

工程结构中夹芯板一般比夹芯梁应用更多,研究夹芯板的局部压入响应对基础研究及工程应用都具有重要的意义。对于夹芯板,两种典型的压头为平头和球头。与夹芯梁分析类似,同样认为结构的平面尺寸为无穷大,表皮的内力以膜力为主。

虽然夹芯板的局部压入响应的机理与夹芯梁基本相同,但分析过程比夹芯梁较为复杂。笔者曾沿用夹芯梁的分析方法,假设表皮变形区域具有一个线性速度场,根据虚速度及最小功原理进行建模求解,为简单起见我们称其为"速度场模型"。结果表明,平头作用下的结果与有限元计算值偏差较大,而球头作用下的结果难以自洽,因此改为假设位移场的方法进行分析。

我们之前的夹芯梁局部压入响应的分析模型[94],曾通过假设一个线性速度场来研究夹芯梁的压入响应,导出的位移场为二次函数形式。Turk 等[21]曾直接采用类似形式的位移场,分析了刚塑性基础上的正交异性弹性膜的局部压入响应。由此我们同样假设表皮变形区具有一个二次形式的位移场,根据最小势能及最小功原理,创建夹芯板局部压入响应的理论模型,我们称其为"位移场模型"。笔者将其与有限元计算结果比较发现,位移场模型相比于速度场模型改进很多。同样,本章根据理论结果对结构的能量耗散性能进行了分析。

3.2 问题描述及分析

考虑一个夹芯圆板分别在平头和球头作用下的局部压入响应,如图 3-1所示。为方便起见,圆柱平头端半径和球头半径都记为 R。夹芯板半径为无限大,表皮和芯层的厚度分别记为 h 和 c。表皮材料的流动应力和芯层材料的压缩应力分别为 σ_0 和 σ_c。

压头位移记为 δ,表皮变形区半径为 ξ,球头作用时压头与表皮的接触半径设为 a。表皮的横向变形场为 $w(r)$,r 为径向坐标。

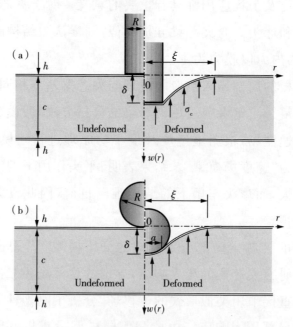

图 3-1 夹芯圆板局部压入变形前后截面图

(a) 平头作用;(b) 球头作用

Fig. 3-1 Schematic profiles of undeformed and deformed zones of sandwich circular panels loading

(a)under a flat indenter and (b)under a spherical indenter

对于上表皮,夹芯结构半径为无限大因而可看作完全固支圆板,这样径向位移及环向膜力可以忽略[95]。另外,当板径超过板厚的 2 倍时,剪力引起的塑性功也可以忽略[96]。因此,塑性功主要由径向弯矩 M_r、环向弯矩 M_θ 以及径向膜力 N_r 提供。Zaera 等[97] 提出了一个屈服准则

$$\left(\frac{N_r}{N_0}\right)^2 + \left(\frac{M_r}{M_0}\right)^2 + \left(\frac{M_\theta}{M_0}\right)^2 - \frac{M_r M_\theta}{M_0^2} = 1 \qquad (3-1)$$

其中,$N_0 = \sigma_0 h$,$M_0 = \sigma_0 h^2 / 4$,分别为单位宽度表皮的塑性膜力和弯矩。当横向位移超过板厚的一半时,弯矩也可以忽略[96]。本章主要考虑大变形的情形,因此上表皮可以看作刚塑性基础上的塑性膜。

3.3 速度场模型及存在的问题

为了比较并更加深入地理解不同模型之间的差别,这里先简述一下速度场模型的分析过程。因该模型结果与有限元计算结果偏差较大且存在一定的问题,故未在后面的图中画出结果。

3.3.1 平头作用时

首先沿用第 2 章夹芯梁的分析方法,假设压头接触区以外的表皮变形区沿径向有一个线性速度场,即

$$\dot{w}(r,t) = \begin{cases} \dot{\delta}, & r \leqslant R \\ \dot{\delta}\left(1 - \dfrac{r-R}{\xi - R}\right), & R < r \leqslant \xi \end{cases} \qquad (3-2)$$

中等挠度下表皮的径向拉伸应变率为

$$\dot{\varepsilon}_r = \frac{\mathrm{d}w}{\mathrm{d}r} \frac{\mathrm{d}\dot{w}}{\mathrm{d}r} \qquad (3-3)$$

假设表皮的径向膜力全部进入塑性,则由表皮的拉伸变形引起的塑性功率为

$$\int_A N_0 \dot\varepsilon_r \mathrm{d}A = 2\pi N_0 \frac{\dot\delta}{\xi - R}\left(R\delta + \int_R^\xi w\,\mathrm{d}r\right) \tag{3-4}$$

因芯层提供不变的压缩应力,固由芯层压缩变形引起的塑性功率决定于芯层的体积压缩变化率,可按下式计算

$$\int_V \sigma_c \mathrm{d}\dot V = \frac{\pi}{3}\sigma_c \dot\delta(\xi^2 + \xi R + R^2) \tag{3-5}$$

根据内外功率相等的关系可得如下的功率平衡方程

$$P\dot\delta = 2\pi N_0 \frac{\dot\delta}{\xi - R}\left(R\delta + \int_R^\xi w\,\mathrm{d}r\right) + \frac{\pi}{3}\sigma_c(\xi^2 + \xi R + R^2)\dot\delta \tag{3-6}$$

消去两边的相同项压头速度 $\dot\delta$ 后,即可得到压头载荷的表达式

$$P = 2\pi N_0 \frac{1}{\xi - R}\left(R\delta + \int_R^\xi w\,\mathrm{d}r\right) + \frac{\pi}{3}\sigma_c(\xi^2 + \xi R + R^2) \tag{3-7}$$

为简化计算结果并获悉结构响应的最根本影响因素,引入一个无量纲参数 φ

$$\varphi = \frac{\sigma_p R}{\sigma_0 h} \tag{3-8}$$

同时,对有关参数分别按下列方式进行无量纲化

$$\bar P = \frac{P}{N_0 R} \tag{3-9}$$

$$\bar\xi = \xi/R,\ \bar\delta = \delta/R,\ \bar h = h/R \tag{3-10}$$

由此,式(3-7)给出的压头载荷变为如下形式

$$\bar P = 2\pi \frac{1}{\bar\xi - 1}\left(\bar\delta + \int_1^{\bar\xi} \bar w\,\mathrm{d}\bar r\right) + \frac{\pi}{3}\varphi(\bar\xi^2 + \bar\xi + 1) \tag{3-11}$$

同样根据最小功原理,由条件 $\partial\bar P/\partial\bar\xi = 0$ 求得 $\bar\xi$ 随 $\bar\delta$ 的变化关系式,

使得压头载荷 $\bar{P}$ 取得最小值。式(3-11)是个变限积分式,对其求导过程中需要采用变限积分的求导法则,经整理后得到

$$\int_1^{\bar{\xi}} \bar{w}\,\mathrm{d}\bar{r} + \bar{\delta} - \frac{1}{6}\varphi(2\bar{\xi}+1)(\bar{\xi}-1)^2 = 0 \qquad (3-12)$$

其中, $\bar{w},\bar{r}$ 分别为无量纲的位移和径向坐标,以压头半径 R 为基本量,按下式定义

$$\bar{w}=w/R,\bar{r}=r/R \qquad (3-13)$$

把式(3-12)代入式(3-11),消去位移场的变限积分可得压头载荷的简化式

$$\bar{P}=\pi\varphi\bar{\xi}^2 \qquad (3-14)$$

另外,式(3-12)依然是一个变限积分式,进一步对 $\bar{\xi}$ 求导并结合位移边界条件可得

$$\int_1^{\bar{\xi}} \frac{\partial \bar{w}}{\partial \bar{\xi}}\,\mathrm{d}\bar{r} + \frac{\mathrm{d}\bar{\delta}}{\mathrm{d}\bar{\xi}} - \varphi\bar{\xi}(\bar{\xi}-1)=0 \qquad (3-15)$$

方程(3-15)中含有一个未知变量 $\bar{w}$,需要首先求得。众所周知,位移场可通过速度场积分求得

$$w(x,t)=\int_{t(x)}^{t(\xi)} \dot{w}(x,t)\,\mathrm{d}t \qquad (3-16)$$

其中, $t(x)$ 为 ξ 达到 x 时的时间。将方程(3-2)给出的线性速度场代入上式,同时经过两次积分变换,即把积分变量由时间 t 改为压头位移 $\bar{\delta}$,进一步改为变形区半径 $\bar{\xi}$,最后得到如下形式的位移场

$$\bar{w}(\bar{r},\bar{\xi})=\int_r^{\bar{\xi}} \left(1-\frac{\bar{r}-1}{\eta-1}\right)\frac{\mathrm{d}\bar{\delta}}{\mathrm{d}\eta}\mathrm{d}\eta \qquad (3-17)$$

需要说明的是,在准静态压入过程中,时间 t、压头位移 $\bar{\delta}$ 以及变形区半径 $\bar{\xi}$ 彼此之间应是单一的函数关系。因此,式(3-17)中的 $\mathrm{d}\bar{\delta}/\mathrm{d}\bar{\xi}$ 应视为 $\bar{\xi}$ 的函数。式(3-17)两边同时对求 $\bar{\xi}$ 偏导得

$$\frac{\partial \overline{w}}{\partial \overline{\xi}} = \frac{\overline{\xi} - \overline{r}}{\overline{\xi} - 1} \frac{\mathrm{d}\overline{\delta}}{\mathrm{d}\overline{\xi}} \qquad (3-18)$$

把式(3-18)$\overline{w}$对$\overline{\xi}$的偏导数$\partial \overline{w}/\partial \overline{\xi}$代入方程(3-15),计算整理得压头位移$\overline{\delta}$对变形区半径$\overline{\xi}$的导数

$$\frac{\mathrm{d}\overline{\delta}}{\mathrm{d}\overline{\xi}} = 2\varphi \frac{\overline{\xi}(\overline{\xi} - 1)}{\overline{\xi} + 1} \qquad (3-19)$$

结合位移边界条件,在压头位移为零时变形区半径为压头半径,即

$$\overline{\delta}(1) = 0 \qquad (3-20)$$

最后求得变形区半径$\overline{\xi}$随压头位移$\overline{\delta}$的变化关系式

$$\overline{\delta} = \varphi\left(\overline{\xi}^2 - 4\overline{\xi} + 3 + 4\ln\frac{1+\overline{\xi}}{2}\right) \qquad (3-21)$$

式(3-21)为变形区半径$\overline{\xi}$关于压头位移$\overline{\delta}$的隐式解,需要采用数值解法求解。进一步把式(3-21)或式(3-19)代入式(3-17),即可最终确定压头以外表皮变形区的位移场分布

$$\overline{w}(\overline{r},\overline{\xi}) = \varphi\left[(\overline{\xi}-\overline{r}-1)^2 - 1 + 2(1+\overline{r})\ln\frac{1+\overline{\xi}}{1+\overline{r}}\right] \qquad (3-22)$$

式(3-22)给出的位移场不再是径向坐标的二次曲线,而是在此基础上多出了一项对数项。另外,该位移场完全满足位移边界条件,自身是协调的,但与有限元计算结果偏差较大。可能是由于线性速度场不适合描述夹芯板局部压入时的表皮变形。从模型推导过程中可以看出,虽然同样在线性速度场模型下求出,但从推导过程和最终结果来看,夹心板都比夹芯梁复杂得多。

3.3.2 球头作用时

在球头作用下,表皮与压头接触区的截面形状应为圆弧,为简化计算将其近似为抛物线形

$$w(r,t) = \delta - (R - \sqrt{R^2 - r^2}) \approx \delta - \frac{r^2}{2R}, \quad 0 \leqslant r \leqslant a \quad (3-23)$$

接触区范围内的表皮始终与压头接触,其速度应与压头相同。另外,同样假设接触区以外的表皮变形区具有线性速度场

$$\dot{w}(r,t) = \begin{cases} \dot{\delta}, & 0 \leqslant r \leqslant a \\ \dot{\delta}\left(1 - \dfrac{r-a}{\xi-a}\right), & a \leqslant r \leqslant \xi \end{cases} \quad (3-24)$$

按照平头作用时类似的分析方法,可分别求得表皮拉伸变形、芯层压缩变形引起的塑性耗散功率

$$\int_A N_0 \dot{\varepsilon}_r \mathrm{d}A = 2\pi N_0 \frac{\dot{\delta}}{\xi-a}\left(a\delta - \frac{a^3}{2R} + \int_a^\xi w \mathrm{d}r\right) \quad (3-25)$$

$$\int_V \sigma_c \mathrm{d}\dot{V} = \frac{\pi}{3}\sigma_c \dot{\delta}(\xi^2 + \xi a + a^2) \quad (3-26)$$

根据能量平衡关系,同时消去相同项,最后得到无量纲形式的压头载荷

$$\bar{P} = 2\pi \frac{1}{\bar{\xi} - \bar{a}}\left(\bar{a}\bar{\delta} - \frac{1}{2}\bar{a}^3 + \int_{\bar{a}}^{\bar{\xi}} \bar{w} \mathrm{d}\bar{r}\right) + \frac{\pi}{3}\varphi(\bar{\xi}^2 + \bar{\xi}\bar{a} + \bar{a}^2) \quad (3-27)$$

根据最小功原理,压头载荷应指在满足下列条件时取得最小值

$$\partial\bar{P}/\partial\bar{\xi} = 0, \partial\bar{P}/\partial\bar{a} = 0 \quad (3-28)$$

在该条件下,可得变形区半径 $\bar{\xi}$ 及接触区半径 $\bar{a}$ 关于压头位移 $\bar{\delta}$ 的方程组

$$\begin{cases} -2\bar{a}^2 + \varphi(\bar{\xi}^2 - \bar{a}^2) = 0 \\ \int_{\bar{a}}^{\bar{\xi}} \bar{w} \mathrm{d}\bar{r} - \frac{1}{2}\bar{a}^3 + \bar{a}\bar{\delta} - \frac{1}{6}\varphi(2\bar{\xi} + \bar{a})(\bar{\xi} - \bar{a})^2 = 0 \end{cases} \quad (3-29)$$

把方程(3-29)第 2 式代入式(3-27)可得到压头载荷的简化结果

$$\bar{P} = \pi\varphi\bar{\xi}^2 \quad (3-30)$$

另外,由(3-29)的第1式可知,接触区半径 $\bar{a}$ 与表皮变形区半径 $\bar{\xi}$ 之间为正比例关系

$$\bar{a} = \bar{\xi}/k \tag{3-31}$$

其中,$k = \sqrt{1 + 2/\varphi}$,只与参数 φ 有关。方程(3-29)第2式中同样含有未知量位移 $\bar{w}$,可由速度场积分求得。把线性速度场式(3-24)代入,并经过两次积分变换后位移表达式变为

$$\bar{w}(\bar{r},\bar{\xi}) = \frac{k}{k-1} \int_{\bar{r}}^{\bar{\xi}} \frac{\eta - \bar{r}}{\eta} \frac{d\bar{\delta}}{d\eta} d\eta \tag{3-32}$$

方程(3-29)第2式及式(3-32)分别对 $\bar{\xi}$ 求偏导,计算整理并结合位移边界条件后,最终得到变形区半径 $\bar{\xi}$ 与压头位移 $\bar{\delta}$ 之间的关系式

$$\bar{\delta} = \frac{2}{(k+1)^2} \bar{\xi}^2 \tag{3-33}$$

在推导过程中,需要用到表皮与压头接触区边缘的位移边界条件。将式(3-33)确定的关系式代回式(3-32),最终求得表皮变形区的位移场分布

$$\bar{w}(\bar{r},\bar{\xi}) = \frac{2k}{(k-1)(k+1)^2} (\bar{\xi} - \bar{r})^2 \tag{3-34}$$

考查式(3-34)发现,该式不能满足表皮与压头接触区边缘的位移边界条件,即

$$\bar{w}(\bar{r})\big|_{\bar{r}=\bar{a}} \neq \bar{\delta} - \frac{1}{2}\bar{a}^2 \tag{3-35}$$

模型自身不能达到自洽,说明该模型已不再适用,其中原因有待进一步研究。

3.3.3 点载荷作用下

当平头半径趋向于零时,式(3-7)退化为点载荷作用下的压头载荷

$$P = 2\pi N_0 \frac{1}{\xi} \int_0^\xi w \, \mathrm{d}r + \frac{\pi}{3} \sigma_c \xi^2 \qquad (3-36)$$

根据最小功原理,使压头载荷取得最小量的条件为 $\partial P/\partial\xi = 0$,计算整理后得下列关系式

$$\int_0^\xi w \, \mathrm{d}r - \frac{1}{3} \frac{\sigma_c}{N_0} \xi^3 = 0 \qquad (3-37)$$

把式(3-37)代入式(3-36)并消去位移场的变限积分式,可得到压头载荷的简化形式

$$P = \pi\sigma_c\xi^2 \qquad (3-38)$$

另外,式(3-37)两边进一步对 ξ 求导,并结合边界条件

$$w(r,\xi)\mid_{r=\xi} = 0 \qquad (3-39)$$

最后得

$$\int_0^\xi \frac{\partial w}{\partial \xi} \, \mathrm{d}r - \frac{\sigma_c}{N_0} \xi^2 = 0 \qquad (3-40)$$

方程(3-40)中含有 $\partial w/\partial\xi$,可先根据速度场积分求得位移场后对 ξ 求导。当压头尺寸趋向于零时,表皮变形区的位移场计算式变为

$$w(r,\xi) = \int_r^\xi \left(1 - \frac{r}{\eta}\right) \frac{\mathrm{d}\delta}{\mathrm{d}\eta} \, \mathrm{d}\eta \qquad (3-41)$$

式(3-41)两边对 ξ 求导得到

$$\frac{\partial w}{\partial \xi} = \left(1 - \frac{r}{\xi}\right) \frac{\mathrm{d}\delta}{\mathrm{d}\xi} \qquad (3-42)$$

代入方程(3-40),经计算整理可得到压头位移 δ 与表皮变形区半径 ξ 关系式

$$\xi = \left(\frac{N_0}{\sigma_c}\delta\right)^{1/2} \qquad (3-43)$$

把式(3-43)分别代入式(3-38)和式(3-41),可得到压头载荷及表皮变形区位移场的最终表达式

$$P = \pi N_0 \delta \qquad\qquad (3-44)$$

$$w(r,\xi) = \delta \left(1 - \frac{r}{\xi}\right)^2, 0 < r \leqslant \xi \qquad\qquad (3-45)$$

可以看出,压头载荷与位移成正比。另外,有趣的是压头载荷只与表皮的性质有关,而与芯层压缩强度无关。当然,为维持表皮变形区的线性速度场假设的适用性,芯层必须具有一定的强度,在此条件下芯层强度对压头载荷的影响可以忽略。比较平头及点载荷作用下的位移场发现,同样在线性速度场假设条件下得到但二者形式存在较为明显的差别,说明夹芯板的局部压入响应对压头非常敏感。

另外,比较线载荷作用下的夹芯梁压入响应可以发现,二者表皮位移场分布形式相似,都是坐标的二次曲线。但压头载荷随位移的变化关系不同,夹芯梁的压头载荷随位移的平方根成线性增加,而夹芯板的压头载荷与位移本身成正比。

3.4　位移场模型

位移场模型是根据最小势能原理,通过假设变形区的位移场而得到夹芯板局部压入响应的理论解。为此,需要计算整个系统的总势能

$$\Pi = W_1 + W_2 - \int_0^\delta P \mathrm{d}\delta \qquad\qquad (3-46)$$

其中,W_1,W_2 分别为表皮的拉伸和芯层压缩变形引起塑性耗散能。P 为压头与上表皮之间的接触载荷。

3.4.1 平头作用时

为简化分析过程,我们假设压头与上表皮始终紧密接触,而接触区以外的变形区位移场为径向坐标的二次函数(之前也曾试过三次函数,但结果偏差较大),同时考虑到边界条件的协调,最终给出如下形式的位移场

$$w(r,\xi) = \begin{cases} \delta, r \leqslant R \\ \delta\left(1 - \dfrac{r-R}{\xi-R}\right)^2, R < r \leqslant \xi \end{cases} \quad (3-47)$$

由表皮径向膜力耗散的塑性应变能为

$$W_1 = \int_A N_0 \varepsilon_r \mathrm{d}A = \frac{\pi}{3} N_0 \delta^2 \frac{\xi+3R}{\xi-R} \quad (3-48)$$

其中,A 为上表皮的变形区面积;$N_0 = \sigma_0 h$,为单位宽度的表皮材料全塑性膜力。而 ε_r 为表皮径向拉伸应变,由下式近似计算得到

$$\varepsilon_r = \frac{1}{2}\left(\frac{\partial w}{\partial r}\right)^2 \quad (3-49)$$

由芯层压缩变形引起的塑性耗散能可由下式计算

$$W_2 = \int_V \sigma_c \mathrm{d}V = \int_0^\xi \sigma_c w(r) \cdot 2\pi r \mathrm{d}r = \frac{\pi}{6}\sigma_c \delta(\xi^2 + 2R\xi + 3R^2) \quad (3-50)$$

其中,V 是芯层被压缩的体积。把式(3-48)、式(3-50)代入式(3-46)就可得到系统的总势能

$$\Pi = \frac{\pi}{3}N_0 \delta^2 \frac{\xi+3R}{\xi-R} + \frac{\pi}{6}\sigma_c \delta(\xi^2 + 2R\xi + 3R^2) - \int_0^\delta P\mathrm{d}\delta \quad (3-51)$$

在这里,根据最小势能原理,把式(3-51)对压头位移求导后等于0,即 $\partial\Pi/\partial\delta = 0$,可得到压头载荷的表达式

$$P = \frac{2\pi}{3}N_0 \delta \frac{\xi+3R}{\xi-R} + \frac{\pi}{6}\sigma_c(\xi^2 + 2R\xi + 3R^2) \quad (3-52)$$

式(3-52)中有多个结构的几何参数和材料参数,为深入理解各个参数对压入响应的影响情况,采用与式(3-10)相似的方式把压头载荷改写成无量纲形式

$$\overline{P}=\frac{2\pi}{3}\overline{\delta}\frac{\overline{\xi}+3}{\overline{\xi}-1}+\frac{\pi}{6}\varphi(\overline{\xi}^{2}+2\overline{\xi}+3) \qquad (3-53)$$

进一步根据最小功原理[20],可以确定式(3-53)中得变形区半径以及压头载荷。由条件$\partial\overline{P}/\partial\overline{\xi}=0$可得变形区半径$\overline{\xi}$与压头位移$\overline{\delta}$之间的关系式

$$\overline{\delta}=\frac{\varphi}{8}(\overline{\xi}+1)(\overline{\xi}-1)^{2} \qquad (3-54)$$

式(3-54)为变形区半径$\overline{\xi}$关于压头位移$\overline{\delta}$的隐式解,为直观起见,以图形曲线形式表示,如图3-2所示,图中给出了φ为0.001和0.01两种情形。从图中可以看出,变形区半径$\overline{\xi}$随压头位移$\overline{\delta}$的增大而增大,并且在压头位移较小时增大得较快,后期趋向平缓。另外,对于相同的压头位移,变形区半径随φ值的增大而减小。

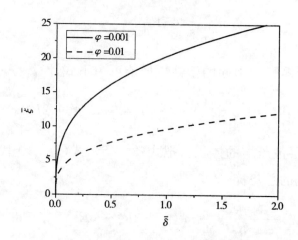

图3-2 平头作用下变形区半径随压头位移的变化曲线

Fig. 3-2 Variation of deformation radius $\overline{\xi}$ with indenter displacement $\overline{\delta}$ under flat indenter

进一步把式(3-54)代回式(3-53)就可求得压头载荷随变形区半

径的变化关系

$$\bar{P} = \frac{\pi\varphi}{12}(\bar{\xi}^3 + 5\bar{\xi}^2 + 3\bar{\xi} + 3) \tag{3-55}$$

式(3-54)给出的变形区半径 $\bar{\xi}$ 是压头位移 $\bar{\delta}$ 的隐式解,为应用方便还可以求出其显式解

$$\bar{\xi} = \frac{1}{3} + \frac{2}{3}(\tilde{\delta}^{-1/3} + \tilde{\delta}^{1/3}) \tag{3-56}$$

其中,$\tilde{\delta}$ 为压头位移 $\bar{\delta}$ 的函数,由下式给出

$$\tilde{\delta} = -1 + \frac{27}{2}\varphi + 9\left[\left(\frac{3\bar{\delta}}{2\varphi}\right)^2 - \frac{\bar{\delta}}{3\varphi}\right]^{1/2} \tag{3-57}$$

进一步也可得到接触载荷的显示解形式

$$\bar{P} = \frac{\pi\varphi}{81}\left[67 + 36(\tilde{\delta}^{-1/3} + \tilde{\delta}^{1/3}) + 18(\tilde{\delta}^{-2/3} + \tilde{\delta}^{2/3}) + 2(\tilde{\delta}^{-1} + \tilde{\delta})\right] \tag{3-58}$$

需要指出的是,当 $\tilde{\delta} < 0$ 时需要采用下面两个关系式

$$\tilde{\delta}^{\pm 1/3} = \left[(1 \pm i\sqrt{3})/2\right](-\tilde{\delta})^{\pm 1/3} \tag{3-59}$$

$$\tilde{\delta}^{\pm 2/3} = \left[(-1 \pm i\sqrt{3})/2\right](-\tilde{\delta})^{\pm 2/3} \tag{3-60}$$

其中,i 为虚数单位。当 $\bar{\delta} = 0$ 时,有 $\tilde{\delta} = -1$,$\bar{\xi} = 1$,$\bar{P} = \pi\varphi$。最后一个表达式对应于 $P = \pi R^2 \sigma_c$,表明在位移为 0 时接触载荷存在一个初始值。

3.4.1　球头作用时

在理论模型中,平头作用时接触半径始终等于压头半径且保持不变,而在球头作用下,球头与表皮之间的接触半径 a 将逐渐增大。接触范围以内的表皮与压头紧密接触,形状也应该与球头相同,沿径向为圆弧形。一般情况下,接触半径要比球头半径小得多,圆弧形的位移场可近似为抛物线。另外考虑到边界条件的协调性,整个上表皮的位移场可假设为如下形式

$$w=\begin{cases} \delta-(R-\sqrt{R^2-r^2})\approx\delta-\dfrac{r^2}{2R}, & r\leqslant a \\[3mm] \left(\delta-\dfrac{a^2}{2R}\right)\left(1-\dfrac{r-a}{\xi-a}\right)^2, & a<r\leqslant\xi \end{cases} \tag{3-61}$$

在此基础上,按照与 3.4.1 节平头作用时相似的推导过程,可以求得上表皮膜力引起的塑性耗散能

$$W_1=\frac{\pi}{4}N_0\frac{a^4}{R^2}+\frac{\pi}{3}N_0\left(\delta-\frac{a^2}{2R}\right)^2\frac{\xi+3a}{\xi-a} \tag{3-62}$$

以及芯层压缩变形引起的塑性应变能

$$W_2=\frac{1}{6}\pi\sigma_c\left[3\delta a^2+\left(\delta-\frac{a^2}{2R}\right)(\xi^2+2a\xi)\right] \tag{3-63}$$

同样,由最小势能原理可得到无量纲形式的压头载荷计算式

$$\bar{P}=\frac{2\pi}{3}\left(\bar{\delta}-\frac{1}{2}\bar{a}^2\right)\frac{\bar{\xi}+3\bar{a}}{\bar{\xi}-\bar{a}}+\frac{\pi}{6}\varphi(\bar{\xi}^2+2\bar{a}\bar{\xi}+3\bar{a}^2) \tag{3-64}$$

其中 $\bar{a}=a/R$。同样根据最小功原理,由载荷 $\bar{P}$ 分别对两个未知变量 $\bar{\xi}$ 和 $\bar{a}$ 求偏导,并满足条件 $\partial\bar{P}/\partial\bar{\xi}=0,\partial\bar{P}/\partial\bar{a}=0$,计算整理后得到如下方程组

$$\begin{cases} 2\bar{a}^2(\bar{\xi}+3\bar{a})-\varphi(\bar{\xi}-\bar{a})(\bar{\xi}^2+2\bar{\xi}\bar{a}+3\bar{a}^2)=0 \\[3mm] \left(\bar{\delta}-\dfrac{1}{2}\bar{a}^2\right)\bar{a}-\dfrac{1}{8}\varphi(\bar{\xi}+\bar{a})(\bar{\xi}-\bar{a})^2=0 \end{cases} \tag{3-65}$$

从方程组(3-65)的第 1 式可以看出,未知量 $\bar{\xi}$ 和 $\bar{a}$ 为奇次关系,换句话说,二者应成正比例关系。进一步考查第 2 式可以发现,压头位移 δ 应与 $\bar{a}^2$ 及 $\bar{\xi}^2$ 为线性关系。基于上述特点,我们引入两个中间参数 u 和 v,分别按下式定义

$$u=\bar{\xi}/\bar{a},v=\bar{\delta}/\bar{a}^2 \tag{3-66}$$

这样,方程组(3-65)就可改写成如下形式

$$\begin{cases} \dfrac{2(u+3)}{(u-1)(u^2+2u+3)} = \varphi \\ v = \dfrac{1}{2} + \dfrac{1}{8}\varphi(u+1)(u-1)^2 \end{cases} \tag{3-67}$$

从方程组(3-67)给出的关系可以看出,中间参数 u、v 只与参数 φ 有关,而不随压入位移变化。换句话说,变形区半径 $\bar{\xi}$ 及接触区半径 $\bar{a}$ 与压入深度的平方根 $\sqrt{\bar{\delta}}$ 成正比例变化。

另外,方程组(3-67)给出的是参数 u、v 关于参数 φ 的隐式解,可以采用图形曲线进行表示以方便分析,结果如图3-3所示。从图中可以看出,参数 u、v 都随着参数 φ 的增大而减小,尤其在 φ 值较小时二者下降得非常迅速,之后趋于平缓。

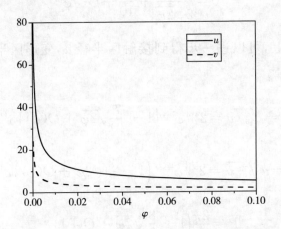

图 3-3　参数 u、v 随 φ 变化的曲线

Fig. 3-3　Variation of parameters u and v with φ

再根据压头载荷表达式(3-64)、u 和 v 的定义式(3-66)以及 u 和 v 与 φ 的关系式(3-67)可进一步求得压头载荷的最终计算式

$$\bar{P} = \frac{\pi}{3}\varphi(u^2+2u+3)\bar{\delta} \tag{3-68}$$

由于方程组(3-67)说明 u 只是 φ 的函数,所以压头载荷随压头位移

成线性变化，其斜率只与参数 φ 有关。

另外，由方程(3-67)可解出 u 关于 φ 的显式解

$$u = \frac{1}{3}\left[-1 + 2(3-\varphi)\psi^{-1/3} + \varphi^{-1}\psi^{1/3} \right] \quad (3-69)$$

其中，ψ 是 φ 的函数，具体关系式为

$$\psi = 72\varphi^2 + 44\varphi^3 - 6\sqrt{6}\ (-\varphi^3 + 25\varphi^4 + 29\varphi^5 + 9\varphi^6)^{1/2} \quad (3-70)$$

一般情况下，参数 φ 是一个小量，由此可求得 u、v 关于 φ 的渐进解

$$\begin{cases} u = \dfrac{2}{\sqrt{2\varphi}} + \dfrac{3}{5} + O(\sqrt{\varphi}) \\[3mm] v = \dfrac{1}{2\sqrt{2\varphi}} + \dfrac{7}{10} + O(\sqrt{\varphi}) \end{cases} \quad (3-71)$$

在此基础上，可以进一步得到接触区半径 $\bar{a}$，变形区半径 $\bar{\xi}$ 以及压头载荷 $\bar{P}$ 的近似解

$$\bar{a} = \sqrt{\bar{\delta}/v} = 2^{3/4}\varphi^{1/4}\left(1 - \frac{7}{10}\sqrt{2\varphi} + O(\varphi)\right)\bar{\delta}^{1/2} \quad (3-72)$$

$$\bar{\xi} = u\sqrt{\bar{\delta}/v} = 2^{5/4}\varphi^{-1/4}\left(1 - \frac{2}{5}\sqrt{2\varphi} + O(\varphi)\right)\bar{\delta}^{1/2} \quad (3-73)$$

$$\bar{P} = \frac{2\pi}{3}\left(1 + \frac{8}{5}\sqrt{2\varphi} + O(\varphi)\right)\bar{\delta} \quad (3-74)$$

在分析模型中，球形压头的圆截面近似按抛物线计算，要求接触半径 a 比压头半径 R 小得多，即 $\bar{a} \ll 1$。对应于式(3-72)，要求压头位移需要满足下面的条件

$$\bar{\delta} \ll 2^{-3/2}\varphi^{-1/2} \quad (3-75)$$

考虑到参数 φ 是个小量，式(3-75)易于满足，因此抛物线近似是有效的。

3.4.3 点载荷作用下的问题

当压头载荷的尺寸很小趋向于零时,载荷近似为点载荷。虽然由平头及球头作用时的理论模型中间计算结果[式(3-52)和式(3-64)]可以退化为同一结果,即点载荷作用时的压头载荷

$$P = \frac{2\pi}{3} N_0 \delta + \frac{\pi}{6} \sigma_c \xi^2 \qquad (3-76)$$

但从式(3-76)可以看出,载荷 P 随变形区半径 ξ 单调增大,无法由最小功原理等方法求得 ξ 随 δ 的变化关系,故本章提出的模型在此条件下已不再适用。从另一个方面来看,当压头尺寸趋向于零时两种压头作用下的最终理论解无法退化为同一结果,说明本章的位移场模型对压头载荷的尺寸及形状非常敏感,难以达到前面夹芯梁模型的高度协调性,需要进一步改进。

另外,用速度场模型分析点载荷作用时,根据虚速度原理可以从线性速度场得到二次曲线形式的位移场[式(3-45)],同时可以求得压头载荷。而对于位移场模型,点载荷作用时表皮变形区的位移场同样退化为式(3-45),此时根据最小势能原理无法求得线性速度场。

3.5 有限元模拟

有限元模拟采用 ABAQUS/Explicit 软件,模型建立方法、材料参数选取等都与 2.4 节夹芯梁相似,只是本书建立的是 1/4 的夹芯板模型。

有限元模型中,夹芯圆板的半径取为 100m,芯层厚度为 25mm。其他参数分别取了四种组合工况,分别对应四个不同的 φ 值,如表 3-1 所示。

Tab. 3 - 1　Simulation cases to verify the analytical solutions

表 3 - 1　有限元计算工况

	ρ_f/ρ_s	σ_c/MPa	σ_0/MPa	h/mm	R/mm	φ
Case1	0.05	1.245	602.5	2	5	0.0052
Case2	0.1	3.523	602.5	2	5	0.0146
Case3	0.1	3.523	602.5	2	10	0.0292
Case4	0.1	3.523	602.5	1	10	0.0584

3.6　位移场模型结果及讨论

3.6.1　变形区形状

在位移场模型中,假设了一个二次曲线形式的位移场,由此得到表皮变形区及压头接触区的范围。通过与有限元计算结果的比较,可验证结果的有效性以及假设的适用性。图 3 - 4 给出了 $\varphi = 0.0292$ 时平头及球头作用下变形区的位移场分布,分别给出了压头位移 $\bar{\delta}$ 为 0.5 及 1.0 的两种情形。

从图 3 - 4(a)可以看出,理论预测与有限元计算两种方式得到的压头以外区域的变形场非常接近。但计算结果表明,压头下方的表皮在压入过程将会与压头分离,这是由表皮弯矩的作用引起,这一点在理论模型中未曾考虑。

而在球头作用下,两种方式得到的结果也很接近,只是变形区半径有少许差别,如图 3 - 4(b)所示。对于接触区半径 a,Turk 等[21] 在分析刚塑性基础上的正交异性弹性膜时认为该值基本保持不变,并采用一个等效半径 $0.4R$ 进行近似,而本章的理论模型给出的结果是该值随压头位移的平方根线性变化。二者差别是由于弹性响应时压入位移一般较小,接触区范围本身较小,当压入位移较大时接触半径将会有较大增长。

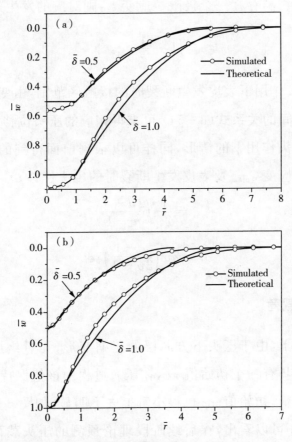

图 3 - 4　平头作用下变形区位移场分布 $\varphi = 0.0292$

Fig. 3 - 4　Distributions of deformation for $\varphi = 0.0292$:

(a)under a flat indenter and (b)under a spherical indenter

3.6.2　表皮最大拉应变

一般地,材料在拉应变达到最大容许值时都会出现颈缩直至断裂。本章的研究结果表明,表皮的最大拉应变发生在压头接触区边缘。根据前面的理论结果,可计算得到平头作用下最大拉应变 ε_{max}^{p} 为

$$\varepsilon_{\max}^{p} = \frac{\varphi^2}{32} (\bar{\xi}^2 - 1)^2 \qquad (3-77)$$

假如表皮材料存在一个极限拉应变 ε_f,则对应的发生条件为

$$\bar{\xi}_f^p = \left(1 + \frac{4}{\varphi}\sqrt{2\varepsilon_f}\right)^{1/2} \qquad (3-78)$$

其中,$\bar{\xi}_f^p$ 为平头作用下表皮发生断裂时的接触区范围,由变形区半径 $\bar{\xi}$ 与压头位移 $\bar{\delta}$ 之间的关系式(3-54)可求得相应的压头位移 $\bar{\delta}_f^p$。

而对于球头作用下的情形,同样可以根据前面得到的理论结果,求得表皮最大拉应变 $\varepsilon_{\max}^q$ 及表皮发生断裂时的压头位移 $\bar{\delta}_f^q$

$$\varepsilon_{\max}^q = \frac{1}{2v} \left(\frac{2v-1}{u-1}\right)^2 \bar{\delta} \qquad (3-79)$$

$$\bar{\delta}_f^q = 2v \left(\frac{u-1}{2v-1}\right)^2 \varepsilon_f \qquad (3-80)$$

3.6.3 压头载荷

平头作用下,由于压头下方芯层的压缩变形,无量纲压头载荷在压头位移为零时具有一个初始值 $\pi\varphi$,在压入过程中该值保持不变。由于 φ 值一般是个小量,初始值 $\pi\varphi$ 也很小看上去不明显,如图 3-5(a) 所示。另外,从图中还可以看出,在后续阶段理论预测的压头载荷与有限元计算结果有少许差别,但随着 φ 值增大差别逐渐减小。

而在球头作用下,式(3-68)表明压头载荷随位移线性变化。为使结果更加简洁直观,特把压头载荷改写成如下的统一形式

$$\bar{P} \left/ \left(\frac{\pi}{3}\varphi(u^2 + 2u + 3)\right)\right. = \bar{\delta} \qquad (3-81)$$

图形表示时,把方程(3-81)左侧整体上作为纵坐标,这样消除了不同工况下 φ 值的影响,所有的载荷理论结果变为一条斜率为1的直线,如图 3-5(b) 所示。从图中有限元计算结果可以看出,在压入初期压头载

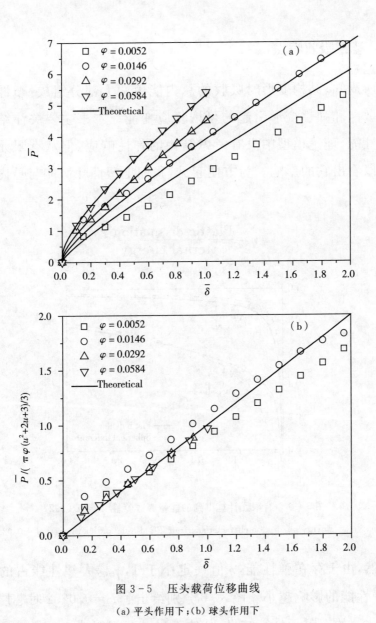

图 3 - 5 压头载荷位移曲线

(a) 平头作用下；(b) 球头作用下

Fig. 3 - 5 Indentation force - displacement curves

(a)under a flat indenter and (b)under a spherical indenter

荷表现出明显的非线性，这主要是由于材料弹性响应的影响。随着压头位移的增大，在后续阶段理论预测结果虽然仍存在一定的偏差，但 φ 值增大时偏差逐渐减小。

3.6.4 能量吸收特点

众所周知,结构变形时吸收的总内能由两大部分组成:塑性变形引起的耗散能和弹性变形引起的可恢复应变能。本书主要关注结构的能量耗散性能,理论模型中没有考虑结构的弹性响应,但从有限元计算结果中可以看出它的影响。为方便起见,我们把塑性耗散能与总内能之比定义为 η

$$\eta = \frac{\text{Plastic dissipation}}{\text{Internal energy}} \qquad (3-82)$$

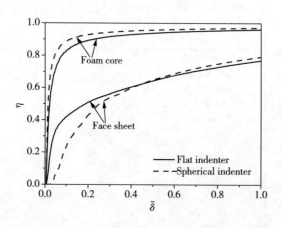

图 3-6　有限元计算得到的能量吸收特性 $\varphi = 0.0292$

Fig. 3-6　Energy absorption characteristic from FE simulation for the case $\varphi = 0.0292$

显然,由于存在弹性能, η 值一定小于 1, η 越大塑性能占的比重越大,而弹性能的影响越小。图 3-6 分别给出了 $\varphi = 0.0292$ 时芯层及表皮的能量比 η 的有限元计算结果,其他工况具有相似特点。另外还可以看出,随着压头位移的增大,芯层和表皮的塑性耗散能都逐渐接近总内能,弹性能的比重越来越小。再者,由于刚度和屈服应力较低,在经历很短的位移后,泡沫芯层就进入塑性为主的变形阶段,能量比 η 值就非常接近于 1,总内能主要来自塑性耗散作用。而表皮的能量比 η 值与 1 有一定的差距,说明弹性能占有一定的比重。需要指出的是,表皮变形区(指理论模型中竖向位移大于零的区域)内及变形区外的表皮都会产生弹性变形,有限元计算的总弹性能应为这两部分弹性能之和,而理论模型只考虑了表皮变形区的塑性应变能,弹性能都没有考虑。

为了进一步分析表皮及芯层在夹芯板局部压入变形时能量耗散中的贡献,定义芯层压缩与表皮拉伸两种变形引起的塑性耗散能之比为 α。根据前面的理论结果,可分别求得平头和球头作用下的耗散能比 α_p 及 α_q

$$\alpha_p = \frac{W_2}{W_1} = \frac{4(\bar{\xi}^2 + 2\bar{\xi} + 3)}{(\bar{\xi}^2 - 1)(\bar{\xi} + 3)} \qquad (3-83)$$

$$\alpha_q = \frac{6v + (2v-1)(u^2 + 2u)}{3 + (2v-1)^2 \dfrac{u+3}{u-1}} \varphi \qquad (3-84)$$

从(3-83)式可以看出,在平头作用下 α_p 随变形区半径 $\bar{\xi}$ 变化而变化。另外在 $\bar{\xi} = 1$,即压头位移 $\bar{\delta} = 0$ 时 α_p 趋向于无穷大,说明此时芯层压缩对能量耗散起主导作用。球头作用时,因 u 只是 φ 的函数,故由(3-84)式可知 α_q 不随压头位移变化而保持为常量。为了更加直观明了,图 3-7 给出了两种压头作用下的耗散能比 α 随压头位移的变化规律,包括有限元计算得到的结果。其中,内能比和塑性耗散能比都是指芯层压缩变形与表皮拉伸引起的对应量之比的有限元计算结果。从图 3-7(a)可以看出,在平头作用下,α_p 值随位移的增大而减小,而随 φ 值的增大而增大。当压头位移较小时,$\alpha_p > 1$,换句话说,能量耗散主要来自芯层的压缩变形,随着压入深度的增加,表皮拉伸变形的贡献越来越大。在球头作用下,理论模型得到的 α_q 值同样随 φ 值增大而增大,但在压入过程中保持不变,而有限元计算的能量比值随压入深度的增加缓慢减小,如图 3-7(b)所示。比较有限元计算与理论结果可以看出,无论是在平头还是球头作用下,塑性耗散能比与理论预测值都有一定的差别,而内能比与之较为接近。究其原因,主要是由表皮的弹性能占的比重较大引起。当弹性应变能较小时,塑性耗散能之比将接近总内能比以及耗散能比的理论解。

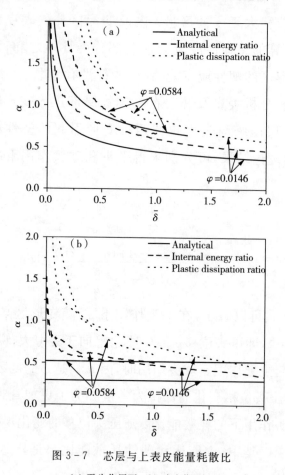

图 3 - 7   芯层与上表皮能量耗散比

(a) 平头作用下；(b) 球头作用下

Fig. 3 - 7   Ratio of energy dissipation of foam core to that of the upper face sheet

(a)under a flat indenter and (b)under a spherical indenter

3.7   本章小结

本章首先采用速度场模型分析了夹芯板局部在平头及球头压头作用下的压入响应。假设接触区以外的表皮变形区具有一个线性速度场，根据虚速度原理和最小功原理得到表皮变形区位移场和压头载荷。在平头作用下,表皮变形区位移场是一个复杂的函数,包括二次函数项和一项对数项。而在球头作用下,得到的位移场不满足位移边界条件。点载荷作用时表皮位移场是一个二次函数同时满足边界条件,压头载荷与压头位移成正比,且比例系数只与表皮性质有关。

为克服速度场模型存在的问题,本章改为采用位移场模型进行分析。假设表皮变形区具有一个二次位移场,根据最小势能原理得到表皮变形区半径和压头载荷。进一步根据理论结果得到表皮的最大拉应变及断裂发生的条件,同时分析了芯层压缩变形与表皮拉伸变形对能量耗散的贡献。

比较速度场模型和位移场模型可以看出,二者很多地方都是相同的,包括模型简化以及最小功的应用等等。位移场模型直接假设位移场,位移边界条件自动满足。因为不需要进行变限积分的求导,推导过程比速度场模型较为简单。另外,位移场模型也存在一个问题,虽然可以通过把两种形状压头作用下的结果进行退化而得到点载荷模型,却无法求解。初步设想,可能存在一个比本章假设更适用的位移场,但形式也许很复杂。速度场模型虽然在求解球头作用时出现不自洽的问题,但可以求得点载荷作用时的简洁显式解。另外,比较两种模型的点载荷压入结果可以发现,根据虚速度原理可以从线性速度场求得二次位移场,而根据最小势能原理无法从二次位移场得到线性速度场。

为验证理论模型的有效性,采用 ABAQUS/Explicit 软件建立有限元模型与理论结果进行比较分析。对于速度场模型,平头作用下的预测结果偏差较大(该比较过程本书中未列出),而点载荷是一个理想模型故结果未做比较,球头作用时模型自身不能自洽,其中原因尚待进一步研究。对于位移场模型,总体来说理论预测的变形区形状及压头载荷都与有限元计算结果接近得较好。只是由于弹性能等因素的影响,芯层压缩变形与表皮拉伸变形耗散的能量比的理论结果与有限元计算值之间存在一定的偏差。

第4章　两端固支夹芯梁
集中载荷作用下的弯曲行为

4.1　引　言

　　根据受力时的变形情况,夹芯梁的芯层可分为两类:一类是刚性(不可压缩)类,由于面外刚度大其在承载过程中芯层厚度基本保持不变,典型的材料是金属蜂窝。Allen[43]在其著作里详细总结了该类夹芯梁弯曲行为的经典理论。另一类是柔性(可压缩)类,如各种泡沫材料。由于其绝对强度较低,较薄的表皮自身的抗弯刚度较低,结构在受到局部载荷时容易产生较大的压入变形[18-32-33]。一方面,局部压入变形降低了夹芯梁的截面高度和结构承载力;另一方面,柔性芯层在爆炸或冲击载荷作用下产生大量的塑性变形,因而可以耗散大量的塑性应变能。

　　两端固的支柔性芯层夹芯梁在受到集中载荷作用时,除了产生整体弯曲变形,在载荷作用点附近更易于发生局部压入变形。局部压入变形将导致结构的截面高度降低,整体抗弯刚度及承载力下降,同时增加了理论分析的复杂性。另外,整体弯曲也会对局部压入产生一定的影响,换句话说,此时的整体弯曲变形与局部压入变形是相互耦合、相互影响的。

对于夹芯梁的局部压入响应,我们已在通过前面的研究里得到其变形及载荷的变化规律。在固支条件下加载,夹芯梁内将产生弯矩和轴力,结构在这两种内力的共同作用下发生屈服,因此首先要先知道该条件下夹芯梁的屈服条件,Qin 等[65] 已得到了相关的研究成果。

本章根据笔者得到的夹芯梁压入响应规律,以及 Qin 等[65] 获得的弯矩轴力共同作用下的屈服准则,研究了整体弯曲变形与局部压入变形耦合时的变形承载特点。为简单起见,忽略了整体弯曲对局部压入的作用,只考虑局部压入对整体弯曲的影响。最后得到局部压入深度及压头载荷随压头总位移的变化关系,与有限元计算结果具有一定的接近程度。理论结果表明,此时结构的力学响应可以分为三个阶段:弹塑性响应阶段、考虑局部压入时的屈服阶段,以及较大变形时的膜响应阶段。

4.2　问题描述

考虑一个长度为 $2L$ 的固支夹芯梁,跨中受到一个半径为 R 的刚性圆柱横向加载,如图 4-1 所示。夹芯梁由上下两层表皮和中间芯层黏结而成,厚度分别为 h 和 c。压头与上表皮之间的接触载荷以 P 表示,在横向加载过程中,载荷 P 使夹芯梁同时发生局部压入和整体弯曲两种形式的变形。压头位移 D 等于跨中截面局部压入深度 δ 与整体挠度 Δ 之和,即

$$D = \delta + \Delta \tag{4-1}$$

局部压入的出现,降低了截面的高度(主要由芯层压缩引起)和整体抗弯刚度,对结构的整体弯曲行为将产生重大的影响。同时,局部压入的产生,导致结构分析变得非常复杂,至今未有相关的研究结果。

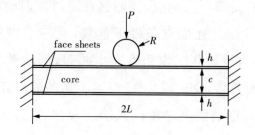

图 4 - 1　圆柱压头作用夹芯梁示意图

Fig. 4 - 1　Sketch of a clamped sandwich beam loaded by a cylindrical indenter

4.3　夹芯梁局部压入响应

对于刚性面支承夹芯梁的局部压入响应,前面第 2 章已得到相关的理论解,为后面引用方便抄录于此。表皮与压头的接触区范围 a、表皮变形区范围 ξ 及压头载荷 P 随压头位移 δ 的变化关系式分别为

$$a = \left(\frac{2\sigma_c R^2}{N_0 + \sigma_c R} \delta \right)^{1/2} \qquad (4-2)$$

$$\xi = \left[\frac{2(N_0 + \sigma_c R)}{\sigma_c} \delta \right]^{1/2} \qquad (4-3)$$

$$P = 2b \left[2(\sigma_0 h + \sigma_c R) \sigma_c \delta \right]^{1/2} \qquad (4-4)$$

其中,符号含义同第 2 章。对于固支条件下的局部压入响应,整体弯曲将会对其产生一定的影响。考虑到局部压入本质上是上下表皮间的相对变形,且只局限于一个较小的区域,因此我们认为整体弯曲对局部压入的影响不大。因此,为简单起见在下面的理论模型中,忽略整体弯曲变形对局部压入行为的影响。

4. 4　整体弯曲屈服准则

　　一般情况下,两端固支梁在加载过程中,最先发生弹性弯曲变形;当跨中加载挠度增加到一定量时,结构的某些部位逐步进入塑性,直到整个截面完全屈服;继续加大跨中挠度,截面内将开始产生轴力,此时结构在弯矩和轴力的共同作用下发生整体屈服;最后,弯矩的影响逐渐减小,结构进入拉力主导的膜状态。需要指出的是,结构也可能先产生轴力,后才发生局部塑形屈服,其先后关系与具体结构构型及材料性能有关。

　　在刚性-塑性模型里,材料的弹性响应被忽略,材料直接进入塑性,结构在弯矩和轴力共同作用下发生整体屈服。对于未发生局部压入变形的固支夹芯梁,Qin 等[65] 根据平截面假设,推出弯矩和轴力共同作用时的统一屈服准则

$$\begin{cases} |m| + \dfrac{(\bar{\sigma}+2\bar{h})^2}{4\bar{\sigma}\bar{h}(1+\bar{h})+\bar{\sigma}^2}n^2 = 1, 0 \leqslant |n| \leqslant \dfrac{\bar{\sigma}}{\bar{\sigma}+2\bar{h}} \\ |m| + \dfrac{(\bar{\sigma}+2\bar{h})[(\bar{\sigma}+2\bar{h})|n|+2\bar{h}-\bar{\sigma}+2](|n|-1)}{4\bar{h}(1+\bar{h})+\bar{\sigma}} = 0, \end{cases}$$

$$\frac{\bar{\sigma}}{\bar{\sigma}+2\bar{h}} \leqslant |n| \leqslant 1 \tag{4-5}$$

其中,$\bar{\sigma}$ 为芯层材料强度与表皮材料流动应力之比,而 $\bar{h}$ 为表皮厚度与芯层厚度之比

$$\bar{\sigma} = \sigma_c/\sigma_0, \bar{h} = h/c \tag{4-6}$$

另外,m,n 分别为截面的无量纲弯矩和轴力,按下式定义

$$m = M/M_p, n = N/N_p \tag{4-7}$$

其中,M,N 分别为夹芯梁截面的弯矩及轴力。M_p,N_p 分别为夹芯梁截

面的完全塑性轴力及弯矩,按下式计算

$$N_p = 2\sigma_0 bh + \sigma_c bc , M_p = \sigma_0 bh(c+h) + \frac{1}{4}\sigma_c bc^2 \qquad (4-8)$$

需要指出的是,该模型假设芯层材料的拉伸应力与压缩应力相等,而实际上绝大部分轻质材料(如各种多孔材料)的拉伸强度都要比压缩强度低得多,因此对膜力及弯矩的贡献很小。

一般情况下,夹芯结构的芯层强度比表皮流动应力小得多,式(4-9)关系容易满足

$$\bar{\sigma} \ll 2\bar{h} \qquad (4-9)$$

此时,统一屈服准则(4-5)式将退化为下列简化形式

$$|m| + (|n|-1)\left(\frac{h}{c+h}|n|+1\right) = 0 , |n| \leqslant 1 \qquad (4-10)$$

同时,当条件(4-9)式满足时,芯层强度对膜力及弯矩的贡献可以忽略,这样完全塑性轴力和弯矩可近似为

$$N_p = 2\sigma_0 bh , M_p = \sigma_0 bh(c+h) \qquad (4-11)$$

此时,夹芯梁芯层的主要作用是支承上表皮,防止出现过大局部压入变形,从而保持截面抗弯刚度和结构承载力。

为简单起见,本章的分析主要考虑芯层强度较弱、满足条件(4-9)式的夹芯梁。对于跨中截面,由于发生了局部压入变形,芯层厚度将由 c 变为 $c-\delta$,另外假设整个夹芯梁任意截面的轴力都相同,由此跨中截面的屈服准则变为如下形式

$$|m'| + (|n|-1)\left(\frac{h}{c-\delta+h}|n|+1\right) = 0 , |n| \leqslant 1 \qquad (4-12)$$

其中,m' 为跨中变截面无量纲形式的弯矩,由跨中截面的弯矩 M' 决定

$$m' = M'/M'_p \qquad (4-13)$$

其中，M'_p 为跨中变截面的完全塑性弯矩

$$M'_p = \sigma_0 bh(c - \delta + h) \tag{4-14}$$

根据关联流动法则可得广义应变率与广义应力之间的关系

$$\frac{N_p\dot{\varepsilon}}{M_p\dot{k}} = \frac{\partial F}{\partial n} \Big/ \frac{\partial F}{\partial m} = -\frac{dm}{dn} \tag{4-15}$$

其中，$F(n,m)$ 是基于屈服准则(4-10)的屈服函数，而 $\dot{\varepsilon}$ 和 $\dot{\kappa}$ 分别为芯层厚度为 c 截面的中性面拉伸应变率及弯曲曲率变化率。再把方程(4-10)代入(4-15)式，可得到芯层厚度为 c 截面的拉伸应变率与弯曲曲率变化率之比

$$\frac{\dot{\varepsilon}}{\kappa} = h|n| + \frac{c}{2}, |n| \leqslant 1 \tag{4-16}$$

同理，根据关联流动法则和变截面屈服条件(4-12)式，可求得存在局部压入变形高度为 $c-\delta$ 截面的广义应变率之比

$$\frac{\dot{\varepsilon}'}{\kappa'} = h|n| + \frac{c-\delta}{2}, |n| \leqslant 1 \tag{4-17}$$

其中，$\dot{\varepsilon}'$ 和 $\dot{\kappa}'$ 分别为芯层厚度为 $c-\delta$ 截面的中性面拉伸应变率及弯曲曲率变化率。

4.5　考虑局部压入时的弯曲行为分析

4.5.1　塑性铰变形分析

在研究固支夹芯梁的整体弯曲变形时，由对称性可以取出一半的结构进行分析。此时，夹芯梁中性轴的两端将分别出现一个塑性铰，如图4-2所示。端部和跨中两个塑性铰的拉伸长度分别设为 e_1 和 e_2，转角均

为 φ，跨中截面产生挠度 Δ。

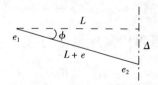

图 4 - 2   固支夹芯梁中性轴整体弯曲变形

Fig. 4 - 2   Global deformation pattern of the neutral axis of the clamped sandwich beam

显然，半结构的总伸长量 e 应为两个塑性铰伸长量之和

$$e = e_1 + e_2 \qquad\qquad (4-18)$$

另外，根据位移场的线性分布特点，可得总伸长量与跨中截面整体挠度 Δ 之间的关系式

$$e \cong \frac{\Delta^2}{2L} \qquad\qquad (4-19)$$

而塑性铰转角 φ 随跨中截面挠度 Δ 的变化关系近似为

$$\varphi = \frac{\Delta}{L} \qquad\qquad (4-20)$$

需要指出的是，由于局部压入的存在，跨中截面中性面的实际挠度应是 $\Delta + \delta/2$，而不是 Δ。考虑到 Δ 比 δ 大得多，因此忽略了 $\delta/2$ 项。

式（4-19）和式（4-20）对时间求导，可分别求得半结构的塑性铰总伸长量变化率 $\dot{e}$ 及转动角速度 $\dot{\varphi}$

$$\dot{e} \cong \frac{\Delta}{L}\dot{\Delta} \qquad\qquad (4-21)$$

$$\dot{\varphi} = \frac{1}{L}\dot{\Delta} \qquad\qquad (4-22)$$

式（4-21）、式（4-22）左右两边对应相除，即可得到半结构的塑性铰总伸长量变化率 $\dot{e}$ 与转动角速度 $\dot{\varphi}$ 之比随跨中挠度的变化关系

$$\frac{\dot{e}}{\dot{\varphi}}=\Delta \tag{4-23}$$

再者,如果假设端部和跨中两个塑性铰的长度始终保持不变,则每个塑性铰的广义变形率之比应等于对应的广义应变率之比,即

$$\frac{\dot{e}_1}{\dot{\varphi}}=\frac{\dot{\varepsilon}}{\dot{\kappa}} \tag{4-24}$$

$$\frac{\dot{e}_2}{\dot{\varphi}}=\frac{\dot{\varepsilon}'}{\dot{\kappa}'} \tag{4-25}$$

式(4-24)、式(4-25)分别结合广义应变率的计算式(4-16)和式(4-17),可得端部及跨中两个塑性铰的伸长率与其角速度的比值

$$\frac{\dot{e}_1}{\dot{\varphi}}=h|n|+\frac{c}{2},|n|\leqslant 1 \tag{4-26}$$

$$\frac{\dot{e}_2}{\dot{\varphi}}=h|n|+\frac{1}{2}(c-\delta),|n|\leqslant 1 \tag{4-27}$$

把式(4-26)和式(4-27)左右两边对应相加,同时结合塑性铰伸长量关系式(4-18),最后可得半结构的总伸长量变化率$\dot{e}$与塑性铰转动角速度$\dot{\varphi}$之比

$$\frac{\dot{e}}{\dot{\varphi}}=2h|n|+c-\frac{1}{2}\delta,|n|\leqslant 1 \tag{4-28}$$

再把式(4-28)代入式(4-23),经计算整理,最后得到无量纲的轴力n与跨中截面整体弯曲挠度Δ以及局部压入深度δ之间的关系式

$$|n|=\frac{1}{2h}\left(\Delta-c+\frac{1}{2}\delta\right) \tag{4-29}$$

4.5.2　夹芯梁受力分析

图4-3给出了夹芯梁半结构中性轴的端部及跨中受到的外力,其中F,Q分别为水平分力及剪力。根据半结构中性轴的内力平衡条件,可以

得到如下的力矩平衡方程

$$2(M + M') - PL + 2F\Delta = 0 \qquad (4-30)$$

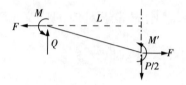

图 4-3 夹芯梁半结构受力分析图

Fig. 4-3 Forces imposed on half of sandwich beam

在中等挠度下,中性轴转角 φ 一般较小,因此水平分力近似等于轴力,即 $F \cong N$。进一步由方程(4-30)可求得接触载荷

$$P = 2(M + M' + N\Delta)/L \qquad (4-31)$$

显然,式(4-31)与式(4-4)给出的接触力 P 本质上是同一个量,应始终相等。需要说明的是,这里忽略了整体弯曲变形对局部压入响应的影响。

4.5.3 结构承载力分析

4.5.3.1 分界点位移及载荷

我们可以首先求得轴力、弯矩分别等于零时的结构承载力,以及对应的压入深度和压头总位移。由屈服条件(4-10)式和(4-12)式可知,当夹芯梁轴力 n 等于零时,端部及跨中的弯矩 m、m' 取得最大值,即

$$|n| = 0, \ |m| = |m'| = 1 \qquad (4-32)$$

具体来说,当夹芯梁截面轴力为零时,端部及跨中的弯矩分别等于对应的完全塑性值,即

$$N = 0, \ M = M_{\mathrm{p}}, \ M' = M'_{\mathrm{p}} \qquad (4-33)$$

把这些值代入压头载荷计算式(4-31),就可以得到轴力为零时的载荷 P_0。

$$P_0 = 2(M_p + M'_p)/L = P_c \left(1 - \frac{1}{2(c+h)}\delta_0\right) \qquad (4-34)$$

其中，δ_0 为轴力为零时的局部压入深度，而 P_c 定义为无局部压入夹芯梁跨中截面弯矩达到完全塑性值时的压头载荷，即

$$P_c = 4M_p/L \qquad (4-35)$$

进一步由引起局部压入变形的压头载荷 $(4-4)$ 式与引起弯曲变形的载荷 $(4-34)$ 式相等的关系，可求得轴力为零时无量纲形式的局部压入 $\tilde{\delta}_0$

$$\tilde{\delta}_0 = 1 + \frac{1}{2}\alpha^2 - \frac{1}{2}(4\alpha^2 + \alpha^4)^{1/2} \qquad (4-36)$$

其中，$\tilde{\delta}_0$ 为无量纲形式的局部压入深度，按下式定义

$$\tilde{\delta}_0 = \frac{\delta_0}{2(c+h)} \qquad (4-37)$$

而 α 为结构几何及材料参数决定的常数，由式 $(4-38)$ 给出

$$\alpha = \frac{4b}{P_c}\left[(c+h)(\sigma_0 h + \sigma_c R)\sigma_c\right]^{1/2} \qquad (4-38)$$

再由压入深度、跨中挠度和压头位移之间的关系式 $(4-1)$，轴力计算式 $(4-29)$，可以得到轴力为零时的压头总位移 $\tilde{D}_0$ 以及接触载荷 P_0 的另一种形式

$$\tilde{D}_0 = \frac{c}{2(c+h)} + \frac{1}{2}\tilde{\delta}_0 \qquad (4-39)$$

$$P_0 = P_c(1 - \hat{\delta}_0) \qquad (4-40)$$

其中，$\tilde{D}_0$ 为无量纲形式的压头位移，同样采用 $2(c+h)$ 作为基本长度，即

$$\tilde{D}_0 = \frac{D_0}{2(c+h)} \qquad (4-41)$$

另一方面，同样由屈服条件 $(4-10)$ 式和 $(4-12)$ 式可知，当轴力 n 取得最大值 1 时，弯矩 m 及 m' 同时等于零，即

$$|n|=1, |m|=|m'|=0 \qquad (4-42)$$

此时夹芯梁截面轴力达到完全塑性值 N_p,而梁端及跨中的弯矩变为零。相应地,由压头载荷计算式(4-31)退化后可得此时的压头载荷 P_1

$$P_1 = 2N_p \Delta_1 / L \qquad (4-43)$$

采用前面轴力为零时的类似计算方法,由局部压入载荷(4-4)式与整体变形载荷(4-43)式相等的关系,以及局部压入、整体挠度与压头位移三者之间的关系(4-1)式,可以进一步得到弯矩为零时的局部压入深度 δ_1、压头总位移 D_1

$$\delta_1 = \frac{1}{\beta^2} \left(-1 + \sqrt{\omega}\right)^2 L \qquad (4-44)$$

$$D_1 = \frac{1}{\beta^2} \left(\omega - \sqrt{\omega}\right) L \qquad (4-45)$$

其中,β,ω 为常数,与结构的几何材料参数有关,分别按式(4-46)、式(4-47)计算

$$\beta = \frac{N_p}{b \left[2(\sigma_0 h + \sigma_c R)\sigma_c L\right]^{1/2}} \qquad (4-46)$$

$$\omega = 1 + 2\beta^2 (c + 2h) / L \qquad (4-47)$$

4.5.3.2 各阶段载荷随位移变化关系

在压头刚开始加载时,夹芯梁材料处于弹性阶段。随着压头位移的增加,夹芯梁的某些区域开始进入塑性阶段,直到整个结构全部进入塑性状态,此时压头位移达到 D_0。

如果采用刚塑性模型,$D < D_0$ 阶段的压头载荷应为常量,其值即为前面得到的 P_0。由于 D_0 一般较大,此阶段压头载荷用 P_0 进行近似将会引起很大的误差,故希望能找到更加接近的近似解。因为本章的分析主要针对强度较低的"软"芯层,即式(4-9)所示的工况,我们认为在开始加载时就有局部压入变形发生。再由局部压入载荷的表达式(4-4)可

144

知,如果能得到局部压入深度随压头位移的变化关系就可以确定压头载荷与压头位移之间的关系式。根据后面的有限元计算结果发现,在此阶段局部压入深度 δ 近似随压头位移 D 线性变化,即

$$\delta = \frac{\delta_0}{D_0}D \tag{4-48}$$

将(4-48)式代入局部压入载荷计算式(4-4)可得接触载荷随压头总位移的变化关系

$$P = \alpha P_c \left[\frac{\delta_0}{D_0}\frac{D}{2(c+h)}\right]^{1/2}, D \leqslant D_0 \tag{4-49}$$

随着压头位移的进一步增大,在 $D_0 < D < D_1$ 范围内,夹芯梁进入弯矩和轴力共同作用下的屈服阶段。首先由屈服条件(4-10)式、(4-12)式分别解得弯矩 m 和 m' 与轴力 n 的关系式

$$|m| = 1 - \frac{c}{c+h}|n| - \frac{h}{c+h}n^2 \tag{4-50}$$

$$|m'| = 1 - \frac{c-\delta}{c-\delta+h}|n| - \frac{h}{c-\delta+h}n^2 \tag{4-51}$$

接着把压头载荷(4-31)采用无量纲的弯矩 m 和 m' 及轴力 n 表示

$$P = 2(M_p m + M'_p m' + N_p n\Delta)/L \tag{4-52}$$

再把弯矩 m 和 m' 与轴力的关系式(4-50)、式(4-51)代入式(4-52),即可得到压头载荷与轴力 n 的关系式

$$P = P_c\left(1 - \frac{\delta}{2(c+h)} + \frac{\Delta+\delta/2-c}{c+h}|n| - \frac{h}{c+h}n^2\right) \tag{4-53}$$

进一步把轴力 n 与局部压入深度 δ 及整体挠度 Δ 的关系式(4-29)代入式(4-53),最后求得压头载荷随局部压入深度 δ 及整体挠度 Δ 的变化关系式

$$P = P_c \left(1 - \frac{\delta}{2(c+h)} + \frac{(\Delta - c + \delta/2)^2}{4h(c+h)} \right), D_0 \leqslant D \leqslant D_1$$

$$(4-54)$$

进一步由局部压入载荷(4-4)式与整体弯曲载荷(4-54)式相等的关系,以及压头总位移 D 与压入深度 δ 及整体挠度 Δ 之间的关系式(4-1),可以求得压头总位移 $\widetilde{D}$

$$\widetilde{D} = \frac{1}{2(1+\bar{h})} + \frac{1}{2}\tilde{\delta} + \left[\frac{\bar{h}}{1+\bar{h}}(-1 + \alpha\tilde{\delta}^{1/2} + \tilde{\delta}) \right]^{1/2}, \widetilde{D}_0 \leqslant \widetilde{D} \leqslant \widetilde{D}_1$$

$$(4-55)$$

以及接触力 P 随局部压入深度 $\tilde{\delta}$ 的变化关系式

$$P = \alpha P_c \tilde{\delta}^{1/2}, \widetilde{D}_0 \leqslant \widetilde{D} \leqslant \widetilde{D}_1 \qquad (4-56)$$

其中, $\widetilde{D}, \tilde{\delta}$ 分别为压头总位移 D 和压入深度 δ 的无量纲形式,按(4-57)式定义

$$\tilde{\delta} = \frac{\delta}{2(c+h)}, \widetilde{D} = \frac{D}{2(c+h)} \qquad (4-57)$$

一般来说,压头总位移 D 比局部压入深度 δ 容易测量,故(4-55)式对 $\tilde{\delta}$ 来说是 $\widetilde{D}$ 的隐式解。事实上,从(4-29)式很容易得到下面的关系式

$$D_1 - D_0 = 2h + \frac{1}{2}(\delta_1 - \delta_0) \qquad (4-58)$$

由于表皮厚度 h 和局部压入深度 δ 与压头总位移 D 相比都是很小的量,因此 D_1 与 D_0 之间的差值也将很小。这样, D_0 与 D_1 之间的局部压入深度及接触载荷均可用直线进行很好地近似,即

$$\delta = \delta_0 + \frac{\delta_1 - \delta_0}{D_1 - D_0}(D - D_0), D_0 \leqslant D \leqslant D_1 \qquad (4-59)$$

$$P = P_0 + \frac{P_1 - P_0}{D_1 - D_0}(D - D_0), D_0 \leqslant D \leqslant D_1 \qquad (4-60)$$

当压头位移继续增大时,即 $D > D_1$,夹芯梁弯矩可忽略不计,内力以膜力为主。此时接触载荷(4-31)式可简化为

$$P = 2N_p\Delta/L, D \geqslant D_1 \tag{4-61}$$

同样根据压入载荷(4-4)式与弯矩载荷(4-61)式相等的关系,以及压头总位移 D 与压入深度 δ 及整体挠度 Δ 之间的关系式(4-1),最后可求得局部压入深度 δ 和接触力 P 随压头总位移 D 变化的关系式

$$\delta = D - \frac{L}{2\beta^2}\left[-1 + \left(1 + 4\beta^2\frac{D}{L}\right)^{1/2}\right], D \geqslant D_1 \tag{4-62}$$

$$P = \frac{N_p}{\beta^2}\left[-1 + \left(1 + 4\beta^2\frac{D}{L}\right)^{1/2}\right], D \geqslant D_1 \tag{4-63}$$

总之,固支夹芯梁横向集中载荷作用时,结构响应可分为三个阶段,即弹塑性响应阶段、考虑局部压入时的屈服阶段及较大变形时的膜响应阶段。其中,第二阶段历程较短,可用线性进行近似。

4.6　结果及讨论

为了验证理论解的有效性和适用性,同样采用 ABAQUS/Explicit 软件对理论模型的工况进行有限元模拟。有限元计算模型及材料参数选取与夹芯梁的局部压入相似,只是把边界条件由刚性面支承改为端部固支,具体细节可参考 2.4 节有关内容。在本章的有限元模型中,选择了两种参数组合时的工况,理论预测及有限元计算得到的局部压入深度和压头载荷随压头总位移的变换曲线分别绘于图 4-5 和图 4-6。

4.6.1　变形特点

在理论模型中,我们假设固支夹芯梁整体弯曲时与实体梁一样,将

在梁端和跨中分别产生一个塑性铰,夹芯梁中性轴的位移场按线性分布,如图 4-2(a) 所示。而从有限元计算结果可以看出,由于局部压入变形的影响,夹芯梁的变形复杂得多,如图 4-4 所示。如果跨中截面产生了一个典型塑性铰,则截面将会出现一个折角,此时底边将到达如图 4-4 所示的 A 点。实际上,夹芯梁的底边并未到达 A 点,而仅仅运动到 B 点。对于局部压入变形,压入载荷只与相对压入深度有关。因此,假如保持截面变形后的高度不变,同时把底边从 B 点"拉到" A 点,则对压入响应的影响很小,但整体挠度 Δ 将会产生一个增量。换句话说,理论模型的偏差主要来自整体弯曲变形的挠度差异。由于底边位置的不确定性,该偏差难以修正,需要进一步研究。

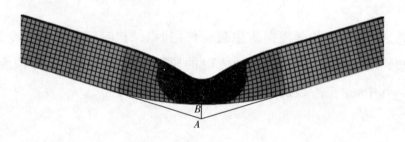

图 4-4　柔性芯层典型变形模式

Fig. 4-4　The typically deforming pattern of the compressible core layer

另外,从理论模型可以看出,局部压入深度 δ 与压头总位移 D 的关系是获得接触载荷的关键,通过比较理论模型及有限元计算得到的压入深度也可以从一定程度上验证前者的有效性。从理论上说,局部压入深度是夹芯梁上下表皮的相对变形量,应等于跨中截面高度的变化量。由于夹芯梁同时发生整体弯曲,下表皮的位置也在不断变化,局部压入深度一般不易直接测得,因此有限元计算时的局部压入深度取为截面高度变化量,如图 4-5 所示。从有限元计算结果可以看出,当压头位移 $D <$ D_0 时局部压入深度随压头位移的增大近似线性增加。另外,无量纲轴力 n 分别为 1 和 0 时的压头位移 D_1 与 D_0 差别很小,二者之间的压入深

度随压头位移变化关系可用直线很好地近似。而当压头位移 $D > D_0$ 时,理论预测的压入深度比有限元计算结果高出一定幅度。

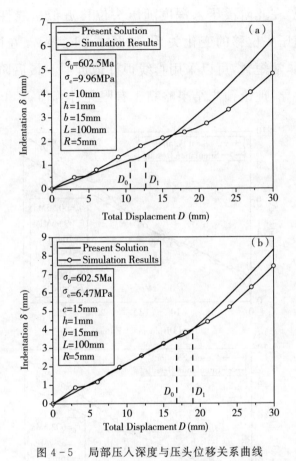

图 4-5 局部压入深度与压头位移关系曲线

(a) 工况 1;(b) 工况 2

Fig. 4-5 The development of local indentation with total displacement

(a)case 1;(b)case 2

4.6.2 承载能力

根据理论模型分析结果,结构响应可分为三个阶段。在第一个阶段里,各部分材料经历不同的弹性-塑性响应。对于表皮较薄而芯层强度较低的夹芯结构,局部塑性压入变形易于发生。根据之前已经获得的压入响应规律可知,由压入深度与压头总位移之间的关系就可以确定压头载荷,而不需要考虑结构其他部分复杂的弹性-塑性响应。根据有限元计算结果发现,在此阶段压入深度随压头位移近似呈线性变化,由此可得压头载荷随压头位移的变化关系,如图4-6所示。在随后的第二阶段,位移历程非常短暂,可以采用直线很好地近似。最后阶段里,结构响应以膜力为主导,理论预测结果略高于有限元计算值。

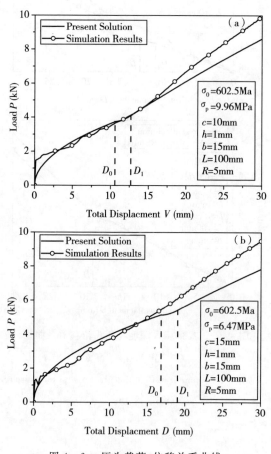

图 4-6 压头载荷-位移关系曲线

(a) 工况 1;(2) 工况 2

Fig. 4-6 The development of contact force with total displacement

(a)case 1;(b)case 2

4. 7　本章小结

本章分析了表皮较薄、芯层强度较低的固支柔性芯层夹芯梁在圆柱形压头作用下的结构响应,结果发现夹芯梁将同时发生局部压入和整体弯曲两种形式的变形。局部压入变形一方面降低了结构的承载能力,另一方面增加了结构分析的难度。

在进行理论分析时,本章根据已有的夹芯梁局部压入及整体弯曲响应的理论解,重点考虑了局部压入对整体弯曲变形的影响,同时结合有限元计算的部分结果,最后得到夹芯梁的局部压入深度及压头载荷与压头位移变化关系的理论解。结果表明,夹芯梁的塑性响应可分为三个阶段:复杂的弹塑性阶段;弯矩轴力共同作用下的屈服阶段;膜力主导的拉伸阶段。其中第二阶段非常短暂,可以采用直线很好地近似。

为了更加深入地理解夹芯梁的变形特点,对有限元模拟结果进行分析后发现,发生屈服时夹芯梁的变形与实体梁之间存在一定的差异。由于局部压入等原因的影响,夹芯梁不会产生典型的折角形塑性铰,采用塑性铰理论分析将引起一定的误差,需要对其机理进一步研究。

第 5 章　总结和展望

5.1　研究总结

轻质夹芯结构是一种常用的工程结构,具有高比刚度、比吸能及良好的可设计性等优点,目前对夹芯结构各种力学行为的研究已有很多。由于夹芯结构的几何、材料参数较多,大部分研究停留在实验和有限元模拟基础上,简洁有效的理论模型很少,制约了该类结构的精确设计和广泛应用。

轻质夹芯结构一方面具有高比刚度可以作为承载结构,另一方面具有高比吸能也可以作为吸能防护结构。本书主要研究夹芯结构在发生较大塑性变形时的承载、吸能性能,包括:

(1) 刚性面支承夹芯梁的局部压入行为

本书分别研究了平头和圆柱形两种形状压头作用下的夹芯梁局部压入响应。材料的弹性响应忽略不计,结构简化为刚性-理想塑性基础上的无限长、理想塑性膜。分析时,假设压头接触区以外的表皮变形区具有一个线性速度场,在此基础上根据虚速度及最小功原理,得到表皮变形区的位移场分布规律和压头接触载荷的简洁显式解。本书进一步根据理论解计算分析了表皮和芯层在结构能量耗散中的贡献。当压头尺寸趋向于零时,两种压头作用下的结果可退化为同一结果,说明理论解是自洽的,另外还说明夹芯梁的局部压入响应对压头形状的变化不敏感。

比较两种形状压头作用下的结果发现,接触区以外的表皮变形区位移场从跨中开始沿梁长度方向都按二次曲线分布。另外,压头载荷都随压头位移的平方根线性增长,差别在于当位移为零时平头作用下有个初始值。再者,两种形状压头作用下芯层压缩及表皮拉伸两种变形引起的塑性耗散能之比都大于1,只是在平头作用下该比值随着压头位移的增大逐渐减小,而在圆柱压头作用下该比值始终保持不变。

（2）刚性面支承夹芯圆板局部压入行为

本书首先采用速度场模型分析了夹芯板局部在平头及球头压头作用下的压入响应。假设接触区以外的表皮变形区具有一个线性速度场,根据虚速度原理和最小功原理得到表皮变形区位移场和压头载荷。在平头作用下,表皮变形区位移场是一个复杂的函数,包括二次函数项和一项对数项。而在球头作用下,得到的位移场不满足位移边界条件。点载荷作用时表皮位移场是一个二次函数同时满足边界条件,压头载荷与压头位移成正比,且比例系数只与表皮性质有关。

鉴于速度场模型存在的问题,改为采用位移场模型进行分析。假设表皮变形区具有一个二次位移场,根据最小势能原理得到表皮变形区半径和压头载荷。进一步根据理论结果得到表皮的最大拉应变及断裂发生的条件,同时分析了芯层压缩变形与表皮拉伸变形对能量耗散的贡献。

比较速度场模型和位移场模型可以看出,二者很多地方都是相同的,包括模型简化及最小功的应用等等。位移场模型直接假设位移场,位移边界条件自动满足。因为不需要进行变限积分的求导,推导过程比速度场模型简单。另外,位移场模型也存在一个问题,虽然可以通过把两种形状压头作用下的结果进行退化而得到点载荷模型,却无法求解。初步设想,可能存在一个比本章假设更适用的位移场,但形式也许很复杂。速度场模型虽然在求解球头作用时出现不自洽的问题,但可以求得点载荷作用时的简洁显式解。另外,比较两种模型的点载荷压入结果可以发现,根据虚速度原理可以从线性速度场求得二次位移场,而根据最小势能原理无法从二次位移场得到线性速度场。

(3) 两端固支夹芯梁弯曲行为

本书分析了表皮较薄、芯层强度较低的固支柔性芯层夹芯梁在圆柱形压头作用下的结构响应,结果发现夹芯梁将同时发生局部压入和整体弯曲两种形式的变形。局部压入变形一方面降低了结构的承载能力,另一方面增加了结构分析的难度。

在进行理论分析时,本书根据已有的夹芯梁局部压入及整体弯曲响应的理论解,重点考虑了局部压入对整体弯曲变形的影响,同时结合有限元计算的部分结果,最后得到夹芯梁的局部压入深度及压头载荷与压头位移变化关系的理论解。结果表明,夹芯梁的塑性响应可分为三个阶段:复杂的弹塑性阶段;弯矩轴力共同作用下的屈服阶段;膜力主导的拉伸阶段。其中第二阶段非常短暂,可以采用直线很好地近似。

5.2 工作展望

本书提出的理论模型是建立在一定的假设基础上的,有些地方需要进一步研究和改进,主要包括:

(1) 本书提出的夹芯结构局部压入响应的理论模型是建立在线性速度场或二次位移场假定的基础上的,这种阶段虽然大大简化了理论模型,得到的理论解也较为简洁,但通过与有限元计算结果的比较可以看出,两者的吻合程度与特征参量 φ 有关,说明这个假定存在一定的适用范围,需要提出一个合理的判别标准,确定该适用范围。

(2) 对于夹芯板的局部压入行为,本书分别采用虚速度原理和最小势能原理建立了两个不同的分析模型,但两个模型都存在一定的问题,如模型自身难以自洽或理论结果偏差较大,这些都需要进一步研究予以解决。

(3) 对于夹芯梁存在局部压入变形的复杂弯曲行为,从有限元模拟得到的变形特点可以发现,发生屈服时夹芯梁的变形与实体梁之间存在一定的差异。由于局部压入等原因的影响,夹芯梁不会产生典型的折角形塑性铰,采用塑性铰理论分析将引起一定的误差,需要进一步研究。

另外,在本书关于夹芯结构的局部压入及弯曲行为研究的方法和结果基础上,可以进一步进行下列内容的拓展研究:

(1) 夹芯板的复杂弯曲行为

在实际的工程结构中,夹芯板的应用更为广泛,如飞行器、船体的外壳等,此时结构承载以弯曲行为为主。Sharaf 等[99]采用实验方法分别研究了不同密度的泡沫夹芯墙板三点弯曲、四点弯曲以及均布载荷作用时的单向弯曲行为。结果表明,芯层剪切变形对跨中挠度具有重要的贡献,另外机制载荷作用下芯层强度较低的结构易于发生局部压入变形。Dawood 等[100]曾采用实验及有限元模型研究了 GFRP 夹芯方板中部受到集中载荷作用时的双向弯曲行为。结果表明,当挠度较小时夹芯板主要表现为弯曲行为,而挠度较大时模响应占主导。

对于考虑局部压入时的夹芯板复杂弯曲行为的理论研究,至今未见公开发表的结果。本书只给出了夹芯板的局部压入响应的理论模型,未能研究夹芯板集中载荷作用下的弯曲响应,以及存在局部压入变形的耦合变形行为,需要在以后的研究中解决。

(2) 低速冲击下夹芯结构的缓冲吸能性能

从缓冲吸能角度来说,有时我们更关心受保护对象的运动及受力状态,如最大加速度、冲击响应历时和最大冲击力等与夹芯结构参数之间的关系。而已有的研究结果表明,夹芯结构在低速冲击下的响应与准静态基本相同。因此,我们可以利用已获得的准静态时结构响应的理论解,来研究低速冲击下受保护对象经过夹芯结构的缓冲吸能后的运动及受力状态。

下篇　　参考文献

[1] EVANS A G,HUTCHINSON J W,ASHBY M F,1998. Multifunctionality of cellular metal systems[J]. Progress in materials science,43(3):171-221.

[2] GIBSON L J,2000. Mechanical behavior of metallic foams[J]. Annual review of materials science,30(1):191-227.

[3] GIBSON L J,ASHBY M F,1997. Cellular solids:structure and properties[M]. 2ed. Cambridge:Cambridge University Press.

[4] HOHE J,LIBRESCU L,2004. Advances in the structural modeling of elastic sandwich panels[J]. Mechanics of Advanced Materials and Structures. 11(4-5):395-424.

[5] LIBRESCU L,HAUSE T,2000. Recent developments in the modeling and behavior of advanced sandwich constructions:a survey[J]. Composite Structures. 48(1-3):1-17.

[6] NOOR A K,BURTON WS,BERT C W,1996. Computational models for sandwich panels and shells[J]. Applied Mechanics Reviews. 49(3):155-199.

[7] RUAN D,LU G X,WONG Y C,2010. Quasi-static indentation tests on aluminium foam sandwich panels[J]. Composite Structures. 92(9):2039-2046.

[8] SAADATI M,SADIGHI M,2009. Indentation in lightweight composite sandwich beams[J]. Proceedings of the Institution of Mechanical Engineers

Part G-Journal of Aerospace Engineering. 223(G6):825 – 835.

[9] FATT M S H,PARK K S,2001. Dynamic models for low-velocity impact damage of composite sandwich panels-Part A:Deformation[J]. Composite Structures. 52(3 – 4):335 – 351.

[10] Fatt MSH and Park KS. 2001. Dynamic models for low-velocity impact damage of composite sandwich panels-Part B:Damage initiation. Composite Structures. 52(3 – 4):353 – 364.

[11] ABOT J L,DANIEL I M,GDOUTOS E E,2002. Contact law for composite sandwich beams[J]. Journal of Sandwich Structures & Materials. 4(2):157 – 173.

[12] THOMSEN O T,1993. Analysis of local bending effects in sandwich plates with orthotropic face layers subjected to localized loads[J]. Composite Structures. 25(1 – 4):511 – 520.

[13] THOMSEN O T,1995. Theoretical and experimental investigation of local bending effects in sandwich plates[J]. Composite Structures. 30(1):85 – 101.

[14] YANG M J,QIAO P Z,2005. Nonlinear impact analysis of fully backed composite sandwich structures[J]. Composites Science and Technology. 65(3 – 4):551 – 562.

[15] OLSSON R,MCMANUS H L,1996. Improved theory for contact indentation of sandwich panels[J]. Aiaa Journal. 34(6):1238 – 1244.

[16] SHUAEIB F M,SODEN P D,1997. Indentation failure of composite sandwich beams[J]. Composites Science and Technology. 57(9 – 10):1249 – 1259.

[17] GDOUTOS E E,DANIEL I M,WANG K A,2002. Indentation failure in composite sandwich structures[J]. Experimental Mechanics. 42(4):426 – 431.

[18] ZENKERT D,SHIPSHA A,PERSSON K,2004. Static indentation and unloading response of sandwich beams[J]. Composites Part

B-Engineering. 35(6－8):511－522.

[19] YANG M J,QIAO P Z,2008. Quasi-static indentation behavior of honeycomb sandwich materials and its application in impact simulations[J]. Journal of Aerospace Engineering. 21(4):226－234.

[20] SODEN P D,1996. Indentation of composite sandwich beams[J]. Journal of Strain Analysis for Engineering Design. 31(5):353－360.

[21] TURK M H,FATT M S H,1999. Localized damage response of composite sandwich plates[J]. Composites Part B-Engineering. 30(2):157－165.

[22] WILLIAMSON J E,LAGACE P A,1993. Response mechanisms in the impact of graphite/epoxy honeycomb sandwich panels[C]. The Proceedings of the Eighth Technical Conference of the American Society for Composites,Cleveland,Ohio.

[23] DU L AND JIAO G Q,2009. Indentation study of Z-pin reinforced polymer foam core sandwich structures[J]. Composites Part a-Applied Science and Manufacturing. 40(6－7):822－829.

[24] WANG S X,WU L Z,MA L,2010. Indentation Study of Foam Sandwich Structures Reinforced by Fiber Columns[J]. Journal of Sandwich Structures and Materials. 12(5):621－646.

[25] PITARRESI G,AMORIM J,2011. Indentation of rigidly supported sandwich beams with foam cores exhibiting non-linear compressive behaviour[J]. Journal of Sandwich Structures and Materials. 13(5):605 －636.

[26] RIZOV V,2009. Failure behavior of composite sandwich structures under local loading[J]. Archive of Applied Mechanics. 79(3):205－212.

[27] RIZOV V,2009. Indentation of foam-based polymer composite sandwich beams and panels under static loading[J]. Journal of Materials Engineering and Performance. 18(4):351－360.

[28] RIZOV V,MLADENSKY A,2007. Influence of the foam core material on the indentation behavior of sandwich composite panels[J]. Cellular

Polymers. 26(2):117 - 131.

[29] RIZOV V,SHIPSHA A,ZENKERT D,2005. Indentation study of foam core sandwich composite panels[J]. Composite Structures. 69(1):95 - 102.

[30] RIZOV VI,2006. Non-linear indentation behavior of foam core sandwich composite materials - A 2D approach[J]. Computational Materials Science. 35(2):107 - 115.

[31] KOISSIN V ,SHIPSHA A,2008. Residual dent in locally loaded foam core sandwich structures-Analysis and use for NDI[J]. Composites Science and Technology. 68(1):57 - 74.

[32] MINAKUCHI S, OKABE Y, TAKEDA N,2007. "Segment-wise model" for theoretical simulation of barely visible indentation damage in composite sandwich beams:Part II - Experimental verification and discussion[J]. Composites Part A-Applied Science and Manufacturing. 38(12):2443 - 2450.

[33] MINAKUCHI S, OKABE Y, TAKEDA N,2008. "Segment-wise model" for theoretical simulation of barely visible indentation damage in composite sandwich beams:Part I - Formulation[J]. Composites Part a-Applied Science and Manufacturing. 39(1):133 - 144.

[34] YU J L,WANG X,WEI Z G,et al,2003. Deformation and failure mechanism of dynamically loaded sandwich beams with aluminum-foam core[J]. International Journal of Impact Engineering. 28(3):331 - 347.

[35] YU J,WANG E,LI J,et al,2008. Static and low-velocity impact behavior of sandwich beams with closed-cell aluminum-foam core in three-point bending[J]. International Journal of Impact Engineering. 35(8):885 - 894.

[36] PAGANO N J,1970. Exact solutions for rectangular bidirectional composites and sandwich plates[J]. Journal of Composite Materials. 4(1): 20 - 34.

[37] SRINIVAS S AND RAO A K. 1970. Bending,vibration and buckling of

simply supported thick orthotropic rectangular plates and laminates[J]. International Journal of Solids and Structures. 6(11):1463 -1481.

[38] ANDERSON T,MADENCI E,2000. Graphite/epoxy foam sandwich panels under quasi-static indentation[J]. Engineering Fracture Mechanics. 67(4): 329 - 344.

[39] REISSNER E,1950. On a variational theorem in elasticity[J]. Journal of Mathematics and Physics. 29(2):90 - 95.

[40] LEE S M,TSOTSIS T K,2000. Indentation failure behavior of honeycomb sandwich panels[J]. Composites Science and Technology. 60(8):1147 -1159.

[41] TIMOSHENKO S,WOINOWSKY-KRIEGER S,1959. Theory of plates and shells,2nd Ed ed[J]. New York:McGraw-Hill.

[42] TIMOSHENKO S P,GOODIER J N,1970. Theory of elasticity,3rd ed[J]. New York:McGraw-Hill.

[43] ALLEN H G,1969. Analysis and design of structural sandwich panels[J]. Oxford,New York:Pergamon Press.

[44] KIM J,SWANSON S R,2001. Design of sandwich structures for concentrated loading[J]. Composite Structures. 52(3 - 4):365 - 373.

[45] FROSTIG Y,1993. High-order behavior of sandwich beams with flexible core and transverse diaphragms[J]. Journal of Engineering Mechanics. 119(5):955 - 972.

[46] FROSTIG Y,1993. On stress concentration in the bending of sandwich beams with transversely flexible core[J]. Composite Structures. 24(2): 161 - 169.

[47] FROSTIG Y,BARUCH M,VILNAY O,ET AL,1992. High-order theory for sandwich-beam behavior with transversely flexible core[J]. Journal of Engineering Mechanics-Asce. 118(5):1026 - 1043.

[48] FROSTIG Y,SHENHAR Y,1995. High-order bending of sandwich beams

with a transversely flexible core and unsymmetrical laminated composite skins[J]. Composites Engineering. 5(4):405 – 414.

[49] SHENHAR Y,FROSTIG Y,ALTUS E,1996. Stresses and failure patterns in the bending of sandwich beams with transversely flexible cores and laminated composite skins[J]. Composite Structures. 35(2):143 – 152.

[50] FROSTIG Y,BARUCH M,1996. Localized load effects in high-order bending of sandwich panels with flexible core[J]. Journal of Engineering Mechanics-Asce. 122(11):1069 – 1076.

[51] THOMSEN O T,FROSTIG Y,1997. Localized bending effects in sandwich panels:Photoelastic investigation versus high-order sandwich theory results[J]. Composite Structures. 37(1):97 – 108.

[52] FROSTIG Y,THOMSEN O T,2005. Localized effects in the nonlinear behavior of sandwich panels with a transversely flexible core[J]. Journal of Sandwich Structures & Materials. 7(1):53 – 75.

[53] FROSTIG Y,THOMSEN O T,SHEINMAN Z,2005. On the non-linear high-order theory of unidirectional sandwich panels with a transversely flexible core[J]. International Journal of Solids and Structures. 42(5 – 6): 1443 – 1463.

[54] PETRAS A,SUTCLIFFE M P F,1999. Failure mode maps for honeycomb sandwich panels[J]. Composite Structures. 44(4):237 – 252.

[55] PETRAS A,SUTCLIFFE M P F,1999. Indentation resistance of sandwich beams[J]. Composite Structures. 46(4):413 – 424.

[56] SOKOLINSKY V S,SHEN H B,VAIKHANSKI L,et al, 2003. Experimental and analytical study of nonlinear bending response of sandwich beams[J]. Composite Structures. 60(2):219 – 229.

[57] GDOUTOS E E,DANIEL I M,WANG K A,et al,2001. Nonlinear behavior of composite sandwich beams in three-point bending[J]. Experimental Mechanics. 41(2):182 – 189.

[58] CONWAY H D,1947. The large deflection of simply supported

beams[J]. Philosophical Magazine Series 7. 38(287):905 – 911.

[59] Dobyns AL.1981. The analysis of simply-supported orthtropic plates subjected to static and dynamic loads. Aiaa Journal. 19(5):642 – 50.

[60] HALLQUIST J O,1994. LS-DYNA3D theoretical manual[J]. Livermore: Software Technology Corporation.

[61] STEEVES C A,FLECK N A,2004. Collapse mechanisms of sandwich beams with composite faces and a foam core,loaded in three-point bending[J]. Part 1:analytical models and minimum weight design. International Journal of Mechanical Sciences. 46(4):561 – 583.

[62] STEEVES C A,FLECK N A,2004. Collapse mechanisms of sandwich beams with composite faces and a foam core,loaded in three-point bending[J]. Part II:experimental investigation and numerical modelling. International Journal of Mechanical Sciences. 46(4):585 – 608.

[63] TAGARIELLI V L,FLECK N A,DESHPANDE V S. 2004. Collapse of clamped and simply supported composite sandwich beams in three-point bending[J]. Composites Part B-Engineering. 35(6 – 8):523 – 534.

[64] SADIGHI M,POURIAYEVALI H,SAADATI M,2007. A study of indentation energy in three points bending of sandwich beams with composite laminated faces and foam core[J]. Proceedings of World Academy of Science,Engineering and Technology,Vol 26,Parts 1 and 2, December 2007. 26(691 – 697.

[65] QIN Q H,WANG T J,2009. An analytical solution for the large deflections of a slender sandwich beam with a metallic foam core under transverse loading by a flat punch[J]. Composite Structures. 88(4):509 – 518.

[66] MARTIN J B,1975. Plasticity :fundamentals and general results[J]. Cambridge,Mass:MIT Press.

[67] ABRATE S,1997. Localized impact on sandwich structures with laminated facings[J]. Applied Mechanics Reviews. 50(2):69 – 82.

[68] SADIGHI M,POURIAYEVALI H,SAADATI M,2007. Response of fully

backed sandwich beams to low velocity transverse impact[J]. Proceedings of World Academy of Science, Engineering and Technology, Vol 26, Parts 1 and 2, December 2007. 26(698 – 703.

[69] QIN Q H, WANG T J, 2011. Low-velocity heavy-mass impact response of slender metal foam core sandwich beam[J]. Composite Structures. 93(6): 1526 – 1537.

[70] FLECK N A, DESHPANDE V S, 2004. The resistance of clamped sandwich beams to shock loading[J]. Journal of Applied Mechanics-Transactions of the Asme. 71(3):386 – 401.

[71] QIU X, DESHPANDE V S, FLECK N A, 2004. Dynamic response of a clamped circular sandwich plate subject to shock loading[J]. Journal of Applied Mechanics-Transactions of the Asme. 71(5):637 – 645.

[72] QIU X, DESHPANDE V S, FLECK N A, 2005. Impulsive loading of clamped monolithic and sandwich beams over a central patch[J]. Journal of the Mechanics and Physics of Solids. 53(5):1015 – 1046.

[73] TILBROOK M T, DESHPANDE V S, FLECK N A, 2009. Underwater blast loading of sandwich beams:Regimes of behaviour[J]. International Journal of Solids and Structures. 46(17):3209 – 3221.

[74] QIN Q H, WANG T J, 2009. A theoretical analysis of the dynamic response of metallic sandwich beam under impulsive loading[J]. European Journal of Mechanics a-Solids. 28(5):1014 – 1025.

[75] QIN Q H, WANG T J, ZHAO S Z, 2009. Large deflections of metallic sandwich and monolithic beams under locally impulsive loading[J]. International Journal of Mechanical Sciences. 51(11 – 12):752 – 773.

[76] ZHU F, WANG Z H, LU G X, et al. 2010. Some theoretical considerations on the dynamic response of sandwich structures under impulsive loading[J]. International Journal of Impact Engineering. 37(6):625 – 637.

[77] FROSTIG Y, BARUCH M, 1993. High-order buckling analysis of sandwich

beams with transversely flexible core[J]. Journal of Engineering Mechanics-Asce. 119(3):476 – 495.

[78] FROSTIG Y,THOMSEN O T,2004. High-order free vibration of sandwich panels with a flexible core[J]. International Journal of Solids and Structures. 41(5 – 6):1697 – 1724.

[79] FROSTIG Y,THOMSEN O T,2009. On the free vibration of sandwich panels with a transversely flexible and temperature-dependent core material - Part I:Mathematical formulation[J]. Composites Science and Technology. 69(6):856 – 862.

[80] FROSTIG Y,THOMSEN O T,2009. On the free vibration of sandwich panels with a transversely flexible and temperature dependent core material - Part II:Numerical study[J]. Composites Science and Technology. 69(6):863 – 869.

[81] SOKOLINSKY V S,VON BREMEN H F,LESKO J J,et al, 2004. Higher-order free vibrations of sandwich beams with a locally damaged core[J]. International Journal of Solids and Structures. 41(22 – 23):6529 – 6547.

[82] BROCCA M,BAZANT Z P,DANIEL I M,2001. Microplane model for stiff foams and finite element analysis of sandwich failure by core indentation[J]. International Journal of Solids and Structures. 38(44 – 45):8111 – 8132.

[83] HERUP E J,PALAZOTTO A N,1997. Low-velocity impact damage initiation in graphite/epoxy/Nomex honeycomb-sandwich plates[J]. Composites Science and Technology. 57(12):1581 – 1598.

[84] MOHAN K,YIP T H,SRIDHAR I,et al,2007. Effect of face sheet material on the indentation response of metallic foams[J]. Journal of Materials Science. 42(11):3714 – 3723.

[85] PALAZOTTO A N,GUMMADI L N B,VAIDYA U K,et al,1998. Low velocity impact damage characteristics of Z-fiber reinforced sandwich

panels - an experimental study[J]. Composite Structures. 43(4):275 – 288.

[86] WU C L,SUN C T,1996. Low velocity impact damage in composite sandwich beams[J]. Composite Structures. 34(1):21 – 27.

[87] FERRI R,SANKAR B V,1997. A comparative study on the impact resistance of composite laminates and sandwich panels[J]. Journal of Thermoplastic Composite Materials. 10(4):304 – 315.

[88] LINDHOLM C J,2005. Impact and indentation behavior of sandwich panels - Modeling and experimental testing[J]. Sandwich Structures7: Advancing with Sandwich Structures and Materials. 635 – 642,1034.

[89] WEN H M,REDDY T Y,REID S R,et al,1998. Indentation,penetration and perforation of composite laminates and sandwich panels under quasi-static and projectile loading[J]. Impact Response and Dynamic Failure of Composites and Laminate Materials,Pts 1 and 2. vol. 141 – 1, Kim JK and Yu TX,Eds. ,ed,pp. 501 – 552.

[90] SANTOSA S,BANHART J,WIERZBICKI T,2001. Experimental and numerical analysis of bending of foam-filled sections. Acta Mechanica[J]. 148(1 – 4):199 – 213.

[91] SIMONE A E,GIBSON L J,1998. Aluminum foams produced by liquid-state processes[J]. Acta Materialia. 46(9):3109 – 3123.

[92] BANHART J,2001. Manufacture,characterisation and application of cellular metals and metal foams[J]. Progress in Materials Science. 46(6): 559 – U3.

[93] SANTOSA S,WIERZBICKI T,1998. On the modeling of crush behavior of a closed-cell aluminum foam structure[J]. Journal of the Mechanics and Physics of Solids. 46(4):645 – 669.

[94] XIE Z,ZHENG Z,YU J,2012. Localized indentation of sandwich beam with metallic foam core[J]. Journal of Sandwich Structures and Materials. 14(2):197 – 210.

[95] GRIFFITH J,VANZANT H,1961. Large deformation of circular

membranes under static and dynamic loads[J]. First International Congress on Experimental Mechanics,New York.

[96]　JONES　N,1989. Structural　impact[M]. Cambridge,UK:Cambridge University Press.

[97]　ZAERA　R,ARIAS　A,NAVARRO　C,2002. Analytical　modelling　of metallic circular plates subjected to impulsive loads[J]. International Journal of Solids and Structures. 39(3):659 – 672.

[98] PLANTEMA F J,1966. Sandwich construction:the bending and buckling of sandwich beams,plates,and shells[M]. New York:Wiley.

[99] SHARAF T,SHAWKAT W,FAM A,2010. Structural performance of sandwich wall panels with different foam core densities in one-way bending[J]. Journal of Composite Materials. 44(19):2249 – 2263.

[100]　DAWOOD　M,TAYLOR　E,RIZKALLA　S,2010. Two-way　bending behavior of 3 – D GFRP sandwich panels with through-thickness fiber insertions[J]. Composite structures. 92(4):950 – 963.